Jan Illgen
Walter Kleesattel

Biologie

POCKET TEACHER

Cornelsen
SCRIPTOR

Die Autoren
Dr. Walter Kleesattel (†) unterrichtete als Studiendirektor Biologie und Geografie an einem baden-württembergischen Gymnasium, war Autor verschiedener Schul- und Sachbücher und Berater naturwissenschaftlicher Fernsehfilme.
Jan Illgen unterrichtet als Studiendirektor die Fächer Biologie, Naturwissenschaften und Sport an einem rheinland-pfälzischen Gymnasium.

Bibliografische Information der Deutschen Nationalbibliothek
Die Deutsche Nationalbibliothek verzeichnet diese Publikation in der Deutschen Nationalbibliografie; detaillierte bibliografische Daten sind im Internet über http://dnb.d-nb.de abrufbar.

4., aktualisierte Auflage

D C B A
Bibliographisches Institut GmbH
Bouchéstraße 12, 12435 Berlin

Redaktionelle Leitung: Heike Krüger-Beer
Redaktion: Dirk Michel, Claudia Fahlbusch
Herstellung: Andreas Preising
Umschlaggestaltung: glas AG, Seeheim-Jugenheim
Umschlagabbildung: © Teerapun Fuangtong – Fotolia.com
Satz: Buchprojekt, Ernen (Schweiz)
Druck und Bindung: Offizin Andersen Nexö Leipzig GmbH
Spengleralle 26–30, 04442 Zwenkau
Printed in Germany

ISBN 978-3-411-87101-8

Inhalt

Vorwort 6

1 Biologie – Lehre vom Leben 7
1.1 Kennzeichen des Lebens 7
1.2 Basiskonzepte (Biologische Grundprinzipien) 8
1.3 Organisationsebenen des Lebendigen 9
1.4 Technische Hilfsmittel der Biologie 10
1.5 Arbeitsmethoden der Biologie 12
Lerncheck 17

2 Tiere 18
2.1 Das Reich der Tiere 18
2.2 Wirbeltiere 19
2.3 Wirbeltiere sind an ihren Lebensraum angepasst 23
2.4 Wirbellose Tierstämme 28
2.5 Die Klasse der Insekten 31
Lerncheck 35

3 Pflanzen und Pilze 36
3.1 Samenpflanzen 36
3.2 Sporenpflanzen: Moose und Farne 44
3.3 Algen 45
3.4 Flechten 45
3.5 Pilze 47
3.6 Stoffwechsel bei Pflanzen 48
Lerncheck 52

4	**Zelluläre Organisation**	53
4.1	Lichtmikroskopisches Bild der Zelle	53
4.2	Elektronenmikroskopisches Bild der Zelle	55
4.3	Zellstoffwechsel	56
4.4	Zellulärer Stofftransport	56
4.5	Der Zellkern	58
4.6	Zellteilung	58
4.7	Differenzierung von Zellen	61
4.8	Einzeller, Zellkolonie und Vielzeller	63
4.9	Mikroorganismen	64
4.10	Viren	67
	Lerncheck	68
5	**Der Mensch**	69
5.1	Ernährung	69
5.2	Blutkreislauf	78
5.3	Atmung	83
5.4	Ausscheidung	85
5.5	Informationsverarbeitung	86
	– Sinnesorgane / Sinne	86
	– Nervensystem	94
	– Hormonsystem	99
5.6	Bewegungssystem	101
5.7	Körpereigene Abwehr	108
5.8	Fortpflanzung und Entwicklung	114
	Lerncheck	121
6	**Vererbung**	123
6.1	Klassische Genetik – Gesetzmäßigkeiten der Vererbung	123
6.2	Chromosomen und Vererbung	130
6.3	Methoden und Erkenntnisse der Humangenetik	134
6.4	Molekulargenetik	140
6.5	Angewandte Genetik	147
	Lerncheck	152

7	**Ökologie**	153
7.1	Abiotische Umweltfaktoren	153
7.2	Beziehungen zwischen den Lebewesen	157
7.3	Ökosysteme	162
7.4	Eingriffe des Menschen in die Umwelt	171
	Lerncheck	174
8	**Verhalten bei Mensch und Tier**	175
8.1	Methoden der Verhaltensbiologie	175
8.2	Angeborenes Verhalten	176
8.3	Lernen	180
8.4	Sozialverhalten	184
	Lerncheck	187
9	**Evolution der Lebewesen**	188
9.1	Die Geschichte des Lebens auf der Erde	188
9.2	Belege für den Verlauf der Evolution	189
9.3	Evolutionsfaktoren	195
9.4	Biologische und kulturelle Evolution des Menschen	199
	Lerncheck	204
Stichwortverzeichnis		205

Vorwort

Liebe Schülerin, lieber Schüler!
Der Pocket Teacher Biologie eignet sich als Wegbegleiter für die gesamte Sekundarstufe I. Knapp und verständlich erklärt er den wichtigsten Biologiestoff der Klassen 5 bis 10 – veranschaulicht durch viele Zeichnungen.
Du kannst die gewünschten Infos am schnellsten über das Stichwortverzeichnis am Ende des Bandes finden. Stichwort vergessen? Dann schau einfach ins Inhaltsverzeichnis und such anschließend im entsprechenden Kapitel nach dem Begriff.
Außerdem gibt es diese weiterführenden Hilfen:
↗ Im Text verweisen farbige Pfeile auf andere Stellen im Buch, wo du ergänzende Informationen zum Thema findest.
▶ **VERNETZUNG** Hier wird auf andere Kapitel verwiesen, in denen das Thema ausführlicher behandelt wird.
▶ **ÜBERLEGE** Unter diesem Stichwort findest du Fragen, die dir bei der Vorbereitung auf Tests und Prüfungen helfen können.
Lerncheck Am Ende jedes Kapitels werden die wichtigsten Inhalte in einer Checkliste abgefragt. So kannst du dein Wissen schnell testen. Entdeckst du noch Lücken, dann gibt es hier Hinweise, welche Seiten du noch einmal genau lesen solltest.
Natürlich kann die Pocket Teacher-Reihe ausführliche Schulbücher nicht ersetzen. Das soll sie auch nicht. Sie ist deine Lernhilfenbibliothek für alle Gelegenheiten, besonders für Hausaufgaben oder für die Vorbereitung auf Tests und Abschlussprüfungen.

Biologie – Lehre vom Leben

Die Biologie als Wissenschaft befasst sich mit Lebewesen und deren Lebenserscheinungen. Mit dem Bereich des Unbelebten, also den Stoffen und den Wechselwirkungen zwischen den Stoffen, beschäftigen sich Chemie und Physik.

1.1 Kennzeichen des Lebens

Als Kennzeichen von Lebewesen gelten Merkmale, die Lebewesen von unbelebter Materie unterscheiden. Nur wenn diese Merkmale alle vorhanden sind, spricht man von einem Lebewesen. Unbelebte Gegenstände können einzelne Eigenschaften von Lebewesen besitzen, nicht aber alle zusammen.
Kennzeichen VON *Lebewesen* sind: Aufbau aus Zellen, Eigenbewegung, Reizbarkeit, Stoffwechsel, Wachstum, Entwicklung und Tod sowie Fortpflanzung und Vererbung.
Die kleinste selbstständige Lebenseinheit ist die Zelle (↗ S. 53). Man unterscheidet nach dem Aufbau und der Entwicklungshöhe zwischen kernlosen Bakterien (Procyten) und Zellen mit einem Zellkern (Eucyten).
Da Lebewesen in Wechselbeziehung zu ihrer Umwelt stehen und Energie und Materie mit der Umwelt austauschen, bezeichnet man sie als offene Systeme (↗ S. 166). Schwankungen in der Aufnahme und im Verbrauch von Stoffen werden so ausgeglichen, dass es zu einem ausbalancierten Zustand kommt (Fließgleichgewicht).

▶ **ÜBERLEGE** Welche Lebenserscheinungen des Menschen belegen, dass er ein Lebewesen ist?

1.2 Basiskonzepte (Biologische Grundprinzipien)

Alle biologischen Phänomene folgen bestimmten Grundprinzipien und lassen sich daher mithilfe dieser Prinzipien analysieren, verstehen und erklären. Auch zum Strukturieren biologischer Themenstellungen sowie zum Lernen und Wiedergeben von Sachverhalten ist es hilfreich, die *biologischen Grundprinzipien* zu kennen:

Angepasstheit: Lebewesen sind in ihrem Bau und ihren Fähigkeiten an ihre Umwelt angepasst.

Variabilität: Lebewesen zeigen Konstanz und Veränderung. Einheitlichkeit und Vielfalt der Lebewesen sind das Ergebnis der Evolution.

Struktur und Funktion: Bei allen biologischen Strukturen besteht ein Zusammenhang zwischen Aufbau und Funktion.

Zelluläre Organisation: Alle Lebewesen sind aus Zellen aufgebaut. Zellen sind gegen die Umwelt abgegrenzt, stehen mit dieser aber im Stoff- und Energieaustausch und vermehren sich durch Teilung.

Kompartimentierung: Zellen sind durch Membranen in vielfältige Reaktionsräume untergliedert, Organe wiederum untergliedern den Organismus in Einheiten mit bestimmten Funktionen.

Energieumwandlung: Alle Lebewesen brauchen Energie, die in der Zelle vielfältig umgewandelt wird. Fotosynthese, Gärung und Zellatmung sind bei Lebewesen die wichtigsten Stoffwechselprozesse zur Energiebereitstellung.

Regulation: Steuerungs- und Regulationsvorgänge beeinflussen den Stoffwechsel und die Entwicklungsvorgänge im Organismus.

Verhalten und Kommunikation: Lebewesen zeigen angeborene und erlernte Verhaltensweisen. Zur Verständigung und Orientierung tauschen sie Informationen untereinander und mit ihrer Umwelt aus.

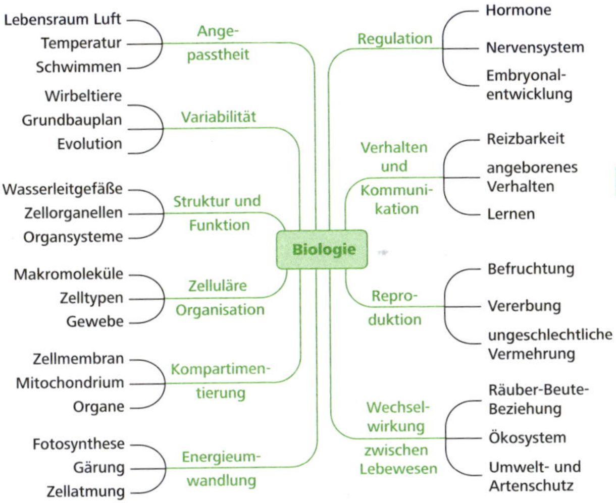

Mindmap: Basiskonzepte (Biologische Grundprinzipien)
Eine Mindmap ist meist unvollständig und dient als Gedächtnisstütze, zum Ordnen des Wissens oder als Zusammenfassung.

Reproduktion: Lebewesen pflanzen sich fort und geben ihre Erbinformation an ihre Nachkommen weiter.
Wechselwirkung zwischen Lebewesen: Lebewesen sind voneinander und von ihrer Umwelt abhängig.

1.3 Organisationsebenen des Lebendigen

Lebewesen sind in unterschiedlichen *Strukturebenen* organisiert:
Atome bestehen aus Protonen, Neutronen und Elektronen. Sie bestimmen die Eigenschaften und die Struktur von Molekülen.
Makromoleküle bilden Einheiten höherer Ordnung wie z. B. Membranen. Diese setzen sich zu **Organellen** zusammen. Aus

dem Zusammenwirken aller Organellen und Zellbestandteile entsteht als lebendes System die **Zelle.** Zellen mit gleicher Funktion bilden **Gewebe. Organe** sind aus mehreren Geweben aufgebaut. Sie übernehmen im vielzelligen Organismus bestimmte Lebensfunktionen. Eine Vielzahl von Organen kann in einem **Organsystem** zusammenwirken (Beispiel: Beim Menschen bilden Speiseröhre, Magen, Dünndarm und andere Organe das Verdauungssystem). Im **Organismus** ist die Tätigkeit aller Organe und Organsysteme aufeinander abgestimmt. Ein Organismus ist immer auch von seiner Umwelt und von anderen Lebewesen abhängig. Er bildet zusammen mit anderen Lebewesen eine **Lebensgemeinschaft,** die wiederum zusammen mit dem Lebensraum ein **Ökosystem** darstellt.

▶ **ÜBERLEGE** Du betrachtest das Blatt einer Pflanze unter dem Mikroskop. Welche Fragestellung lässt sich auf dieser Organisationsebene klären?

1.4 Technische Hilfsmittel der Biologie

Je nachdem, welche biologische Organisationsebene man betrachtet, werden für die wissenschaftliche Untersuchung verschiedene Methoden und technische Hilfsmittel eingesetzt:
Lupen sind gläserne Sammellinsen, die umso mehr vergrößern, je stärker gekrümmt sie sind.
Beim **Lichtmikroskop** sind zwei Linsensysteme hintereinandergeschaltet: das Objektiv und das Okular. Die Gesamtvergrößerung berechnet man durch Multiplizieren der Objektivvergrößerung mit der Okularvergrößerung. Helligkeit und Kontrast werden mit der Blende eingestellt. Der Kondensor verbessert die Ausleuchtung des zu vergrößernden Objekts (Präparat).
Beim **Elektronenmikroskop** verwendet man Elektronenstrahlen statt Lichtstrahlen (↗ Abb. S. 12). Der Strahlengang im Elektronenmikroskop ist vergleichbar mit dem eines Lichtmikros-

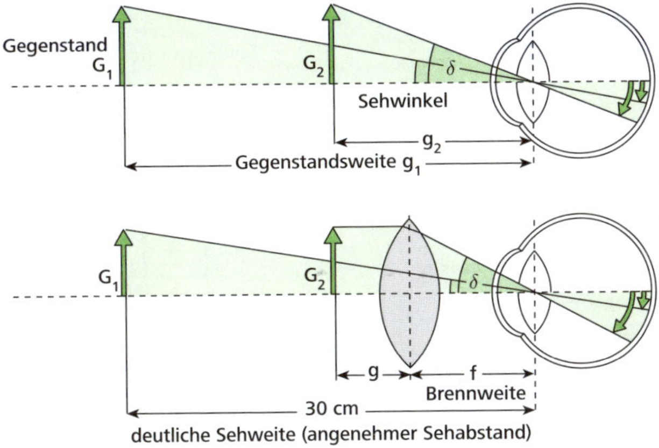

Perspektivische Vergrößerung ohne und mit Lupe

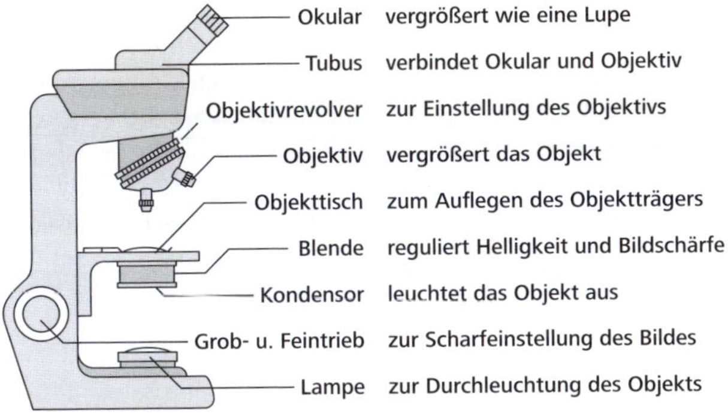

Aufbau eines Lichtmikroskops

kops. Als Strahlenquelle dient ein Glühdraht, der im Vakuum Elektronen aussendet. Diese durchdringen das Objekt und liefern auf einem Leuchtschirm ein Bild. Die Entstehung des Bildes entspricht im Prinzip der Bildentstehung im Monitor. Statt Glas-

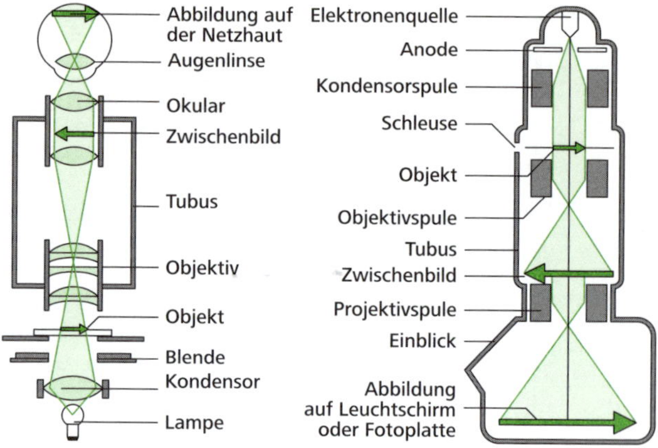

Strahlengang beim Licht- und beim Elektronenmikroskop

linsen werden Elektromagnete verwendet. Durch Änderung der Stromstärke kann man die Ablenkung der Elektronenstrahlen durch die Elektromagnete verändern und damit die Vergrößerung regulieren. Das Elektronenmikroskop mit seinem viel größeren Auflösungsvermögen ermöglicht die Erforschung des Feinbaus kleinster Zellbestandteile, die mit dem Lichtmikroskop nur andeutungsweise oder gar nicht zu sehen sind.

1.5 Arbeitsmethoden der Biologie

Die Biologie als Naturwissenschaft gewinnt ihre Erkenntnisse durch Betrachtung und Beobachtung, durch Untersuchung, Experiment und Vergleich. Untersuchen ist ein Betrachten und Beobachten mit Eingriff in das Lebewesen (Präparieren, Auseinandernehmen, Mikroskopieren). Beim Experimentieren wird ein biologischer Vorgang wiederholbaren und veränderbaren Bedingungen unterworfen, um Zusammenhänge von Ursache und Wirkung nachzuweisen. In einem Protokoll werden die Arbeitsergebnisse *dokumentiert*. Mögliche Formen der Dokumentation sind Texte, Zeichnungen, Tabellen oder Diagramme. Bestimmte Methoden werden in der Biologie immer wieder angewandt. Es erleichtert das Arbeiten und Lernen, wenn man dabei nach einem bestimmten Muster vorgeht.

Vergleichen

Schritt 1: Welche Objekte bzw. Vorgänge werden miteinander verglichen? (z. B. Vertreter der Wirbeltierklassen, Lebensräume, Stoffwechselvorgänge)
Schritt 2: Nach welchen Gesichtspunkten (Kriterien) soll verglichen werden? (z. B. Körpergliederung, Umweltbedingungen, Energiefreisetzung)
Schritt 3: Wo gibt es Gemeinsamkeiten bei den verglichenen Objekten oder Vorgängen?
Schritt 4: Welche Unterschiede sind erkennbar?
Schritt 5: Die Ergebnisse werden zusammengefasst und ausgewertet.

Anfertigen eines Versuchsprotokolls

Schritt 1: Vor der Versuchsdurchführung wird ein Protokollentwurf in dieser allgemeingültigen Schrittfolge angelegt:

Name / Datum / Uhrzeit
1. Thema oder Frage des Versuchs
2. Hypothese: Vermutung über das mögliche Versuchsergebnis
3. Versuchsskizze einschließlich Versuchsmaterial
4. Versuchsdurchführung
5. Beobachtung und Ergebnis
6. Auswertung

Schritt 2: Frage, Vermutung und bereits vorhandenes Wissen eintragen, Versuch skizzieren und Versuchsmaterial auflisten.
Schritt 3: Versuchsdurchführung und Ergebnisse festhalten.
Schritt 4: Zur Auswertung die gestellte Frage beantworten und eventuell eine Regel formulieren.

Liniendiagramme anfertigen

Schritt 1: Achsenkreuz zeichnen. Hochachse (Ordinatenachse, y-Achse) und Rechtsachse (Abszissenachse, x-Achse) mit der Messgröße und der Einheit beschriften.
Schritt 2: Messwerte als Wertepaar aus Hoch- und Rechtsachse eintragen und am Kreuzpunkt markieren.
Schritt 3: Die einzelnen Messwerte zu einem Liniendiagramm verbinden.

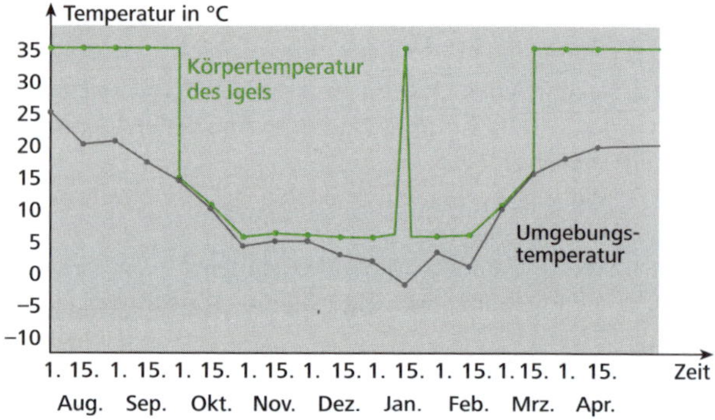

Liniendiagramm: Körpertemperatur des Igels

Zeichnen

Die biologische Zeichnung ist eine Sachaussage.
Schritt 1: Zuerst wird das zu zeichnende Objekt betrachtet. Dabei wird besonders auf typische Merkmale geachtet.
Schritt 2: Mit Bleistift wird eine Strichzeichnung angefertigt.
Schritt 3: Die Zeichnung wird auf sachliche Richtigkeit und die Größenverhältnisse geprüft und eventuell korrigiert.
Schritt 4: Die Zeichnung wird beschriftet und mit Angaben zum Größenverhältnis versehen.
Schritt 5: Der weiteren Ausgestaltung dienen Überschriften, Hinweislinien, Beschriftungen, Zeichenerklärungen (Legenden) und Zusatztexte.

Präsentieren der Ergebnisse

Schritt 1: Thema des Kurzvortrags formulieren.
Schritt 2: Inhalt und Gedanken ordnen.
Schritt 3: Material auswählen, das beim Vortrag gezeigt wird.
Schritt 4: Stichwortzettel anfertigen.
Schritt 5: Vortrag üben (auf den zeitlichen Rahmen achten).
Schritt 6: Beim Vortrag möglichst frei sprechen.

Systematisches Ordnen

Alle Lebewesen, die sich untereinander fortpflanzen können und fruchtbare Nachkommen haben, bilden eine biologische Art (↗ S. 197). Nach dem Prinzip der Doppelbenennung (binäre Nomenklatur) erhält jede Art einen zweiteiligen (latinisierten) Namen, wobei das erste Wort des Namens die Gattung bezeichnet, zu der die Art gehört, das zweite ist der Artname. So heißt z. B. die Wildkatze *Felis silvestris*, der Scharfe Hahnenfuß *Ranunculus acris*. Die Lebewesen werden nach Verwandtschaft geordnet und zu höheren Ordnungseinheiten zusammengefasst. Arten werden zu Gattungen zusammengefasst, jede Gattung ist Teil einer Familie und diese wiederum stehen in Ordnungen, die Teil von Klassen sind. In der Rangfolge (Hierarchie) folgen Stamm und Reich als nächsthöhere Ebenen.

Kategorie	Beispiel: Wildkatze	Beispiel: Scharfer Hahnenfuß
Reich	Tiere	Pflanzen
Stamm (Tiere)/ Abteilung (Pflanzen)	Wirbeltiere	Samenpflanzen
Klasse	Säugetiere	Zweikeimblättrige
Ordnung	Raubtiere	Hahnenfußartige
Familie	Katzen	Hahnenfußgewächse
Gattung	Kleinkatzen	Hahnenfuß
Art	Wildkatze *(Felis silvestris)*	Scharfer Hahnenfuß *(Ranunculus acris)*

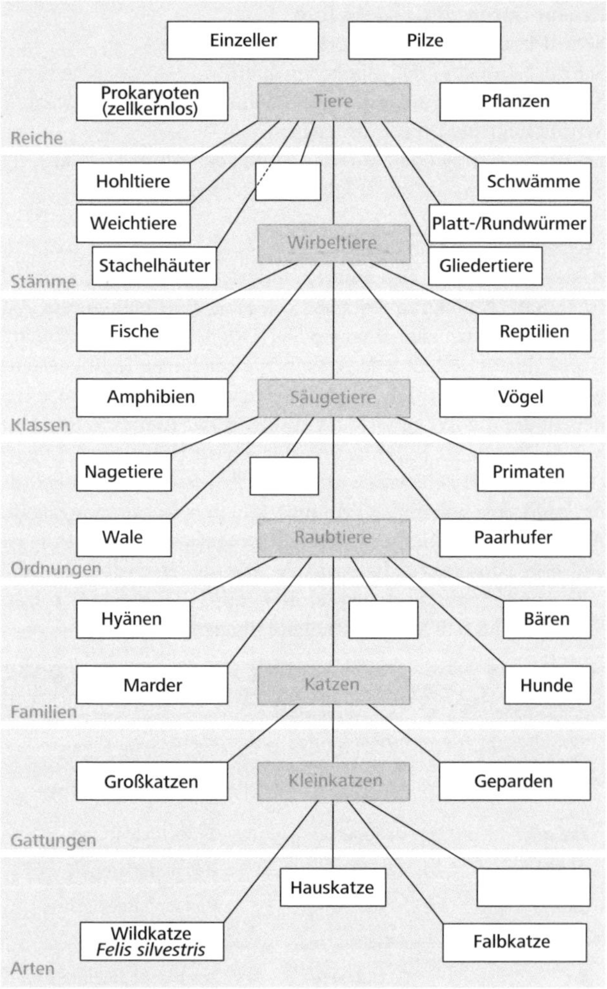

Ordnungssystem des Tier- und Pflanzenreichs (Beispiel: Wildkatze)

Lerncheck

Kapitel „Biologie – Lehre vom Leben“	O. K. ✓	Das muss ich noch mal lesen
Ich kann eine Mindmap für die Basiskonzepte der Biologie (biologische Grundprinzipien) anfertigen und Zusammenhänge zwischen den zugeordneten Begriffen herstellen.		S. 8, 9
Ich kann erkennen und begründen, ob etwas lebt oder unbelebt ist.		S. 8, 9
Ich kann den Lebensäußerungen von Lebewesen die richtigen Begriffe zuordnen und die Merkmale des Lebendigen darstellen.		S. 8, 9
Ich kann die verschiedenen Strukturebenen erklären, in denen Lebewesen organisiert sind.		S. 9, 10
Ich kann den Aufbau eines Lichtmikroskops beschreiben und die Aufgaben der Einzelteile benennen.		S. 10, 11
Ich kann verschiedene Arbeitsmethoden der Biologie anführen.		S. 12–15
Ich kann Lebewesen in ein biologisches System einordnen und verschiedene Kategorien des hierarchischen Systems angeben.		S. 15, 16

2 Tiere

Es gibt weit mehr als eine Million Tierarten. Anhand ihres Aufbaus kann man sie in verschiedene systematische Einheiten wie Stämme, Klassen, Ordnungen, Familien und Gattungen einteilen (↗ S. 16). In diesem Kapitel werden die wichtigsten Stämme des Tierreichs vorgestellt (↗ vordere Umschlagklappe).

2.1 Das Reich der Tiere

Schwämme sind äußerst einfach gebaute, im Wasser lebende Vielzeller. Ihr festsitzender Körper besteht aus einem Hohlraumsystem, durch das Geißelzellen Wasser ein- und ausströmen lassen. Sie besitzen ein Stützsystem aus Hornfasern, Kalk- oder Kieselnadeln.

Hohltiere sind ebenfalls sehr einfache, ausschließlich wasserlebende Vielzeller. Sie besitzen eine Körperwand aus zwei Zellschichten mit dazwischenliegender Stützschicht. Ein innerer Hohlraum dient der Verdauung, Nervenzellen bilden ein einfaches Nervennetz. Hohltiere besitzen Fangarme, die oft mit Nesselzellen besetzt sind. Sie pflanzen sich geschlechtlich und ungeschlechtlich fort. Beispiele sind Süßwasserpolypen und Quallen.

Zweiseitentiere, die weiteren Stämme des Tierreichs, sind zweiseitig symmetrisch (bilateral), bei ihnen lassen sich Bauch- und Rückenseite, rechte und linke Körperhälfte sowie Vorder- und Hinterende festlegen. Zudem bilden sie innere Organe aus. Organsysteme wie Blutgefäß-, Ausscheidungs- und Verdauungssystem übernehmen besondere Aufgaben. Ihr Nervensystem ist kein gleichmäßig verteiltes Nervennetz wie bei den Hohltieren, sondern ein Zentralnervensystem mit einem Gehirn.

Zu den Zweiseitentieren gehören die **Gliedertiere** wie Insekten, Krebse und Spinnen, die **Weichtiere** wie Schnecken, Muscheln und Tintenfische, die **Platt-** und **Rundwürmer** sowie die **Wirbeltiere**. Erwachsene **Stachelhäuter** wie Seesterne und Seeigel sind fünfstrahlig aufgebaut. Da ihre Larven aber zweiseitig symmetrisch sind, zählen auch sie zu den Zweiseitentieren.
Ausführlicher vorgestellt werden hier zunächst die Wirbeltiere. Weitere wirbellose Tierstämme (Gliedertiere, Weichtiere, Platt- und Rundwürmer sowie Stachelhäuter) sind auf Seite 28 bis 31 beschrieben.

2.2 Wirbeltiere

Zum Stamm der Wirbeltiere gehören alle Tiere, die ein Innenskelett aus Knochen oder Knorpel haben. Die Hauptachse des Skeletts ist die Wirbelsäule. Der Körper ist in Kopf, Rumpf und Schwanz gegliedert. Bei manchen Wirbeltieren ist der Schwanz verkümmert, die meisten haben paarige Vorder- und Hintergliedmaßen.
Früher hat man den Wirbeltieren alle übrigen Tiere als Wirbellose gegenübergestellt. Diese Gruppe ist aber völlig uneinheitlich und zum Teil nicht miteinander verwandt, sodass man heute den Begriff *Wirbellose* vermeidet.
Innerhalb des Stammes der Wirbeltiere unterscheidet man fünf Klassen: Säugetiere, Vögel, Kriechtiere (Reptilien), Lurche (Amphibien) und Fische (↗ vordere Umschlagklappe).

▶ **ÜBERLEGE** An welchen Merkmalen kann man Fische, Amphibien, Reptilien, Vögel und Säugetiere unterscheiden? Was kennzeichnet sie gemeinsam als Wirbeltiere?

Fische

Fische sind reine Wassertiere. Ihr Körper hat eine strömungsgünstige Form. Die paarigen Brust- und Bauchflossen entspre-

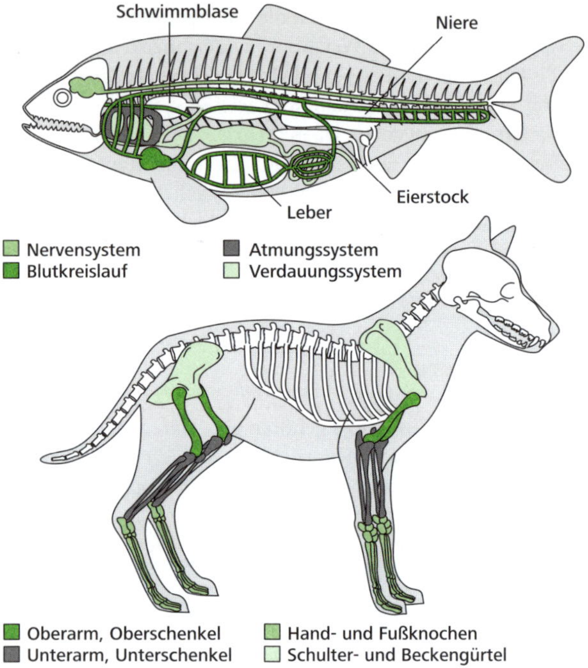

Skelett und innere Organe

chen den Gliedmaßen der anderen Wirbeltiere. Fische sind wechselwarm, ihre Körpertemperatur ist abhängig von der Temperatur des Wassers. In der schleimbedeckten Haut liegen dünne Knochenplättchen, die Schuppen (↗ Abb. S. 24). Die Atmung erfolgt durch Kiemen.

Bei den meisten Arten werden die schalenlosen Eier ins Wasser abgelegt und dort befruchtet (äußere Besamung). Die Jungen schlüpfen als Larven. Sie nehmen allmählich das Aussehen der erwachsenen Tiere an. Einige Arten bringen lebende Junge zur Welt.

Man unterscheidet

- Knorpelfische (Beispiele: Rochen, Haie) und
- Knochenfische (Beispiele: Hecht, Karpfen, Forelle).

Lurche (Amphibien)

Lurche leben sowohl an Land als auch im Wasser. An Land kommen sie nur in feuchten Gebieten vor. Ihre dünne Haut ist nackt, zahlreiche Drüsen sondern einen Schleim ab, der den Körper bedeckt. Lurche atmen außer durch einfach gebaute Lungen über die Haut. Die von vielen Blutgefäßen durchzogene Haut muss ständig feucht sein, nur so kann Sauerstoff direkt aus der Luft durch die Haut ins Blut übertreten. Lurche sind wechselwarme Tiere. Sie überwintern in Winterstarre (↗ S. 28).

▶ VERNETZUNG Ökologie, S. 153

Die Fortpflanzung und Entwicklung von Lurchen findet immer im Wasser statt. Die Larven schlüpfen als Kaulquappen aus dem Laich, der im Wasser abgelegt wurde. Sie haben einen Ruderschwanz und atmen mit Kiemen (↗ Abb. S. 24). Im Verlauf einer Verwandlung (Metamorphose) werden aus wasserlebenden Kaulquappen überwiegend landlebende Lurche. Die Kiemen werden durch Lungen ersetzt, der ruderförmige Schwanz wird abgeworfen, vier Gliedmaßen entwickeln sich.

Man unterscheidet

- Schwanzlurche (Salamander, Molche) und
- Froschlurche (Kröten, Frösche).

Kriechtiere (Reptilien)

Die Haut der Kriechtiere ist von Hornschuppen und Hornplatten bedeckt (↗ Abb. S. 24). Dadurch sind die wechselwarmen Tiere vor dem Austrocknen geschützt. Kriechtiere atmen durch einfach gekammerte Lungen mit vielen Lungenbläschen.

Die Befruchtung erfolgt im Körper des Weibchens (innere Besamung). Die weichschaligen Eier werden *immer* an Land im Boden abgelegt und von der Sonnenwärme ausgebrütet. Einige Arten wie z. B. die Kreuzotter sind lebendgebärend.

Die Jungen der Kriechtiere sind nach dem Schlüpfen sofort selbstständig. Sie entwickeln sich ohne Metamorphose und gleichen den erwachsenen Tieren.
Man unterscheidet
- Krokodile mit Ruderschwanz und Schwimmhäuten,
- Schildkröten mit knöchernem Panzer und Hornplatten,
- Schlangen, denen die Gliedmaßen fehlen, und
- Echsen (Beispiele: Zauneidechse, Blindschleiche).

Vögel

Der Körperbau der Vögel ist an das Fliegen angepasst, die Vordergliedmaßen sind zu Flügeln umgebildet. Am stark vergrößerten Brustbein setzen die Flugmuskeln an. Die meisten Knochen sind mit Luft gefüllt und daher sehr leicht. Der Schnabel besteht aus Horn, Zähne fehlen.

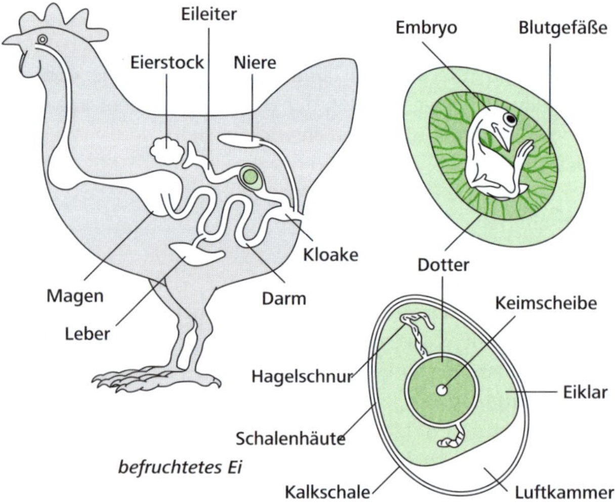

Vom Vogelei zum Vogelembryo

Federn bedecken fast den ganzen Körper. Das Federkleid kann die Körperwärme gut speichern. Vögel sind gleichwarme Tiere, sie haben also eine gleichbleibende Körpertemperatur.

▶ **VERNETZUNG** Ökologie, S. 153

Die Lungen stehen mit Luftsäcken in Verbindung und sind so sehr leistungsfähig (↗ Abb. S. 24).

Alle Vögel legen Eier und betreiben Brutpflege. Vogeleier haben eine Kalkschale und sind dotterreich. Je nach Art schlüpfen die Jungen als relativ selbstständige Nestflüchter oder als hilflose Nesthocker.

Säugetiere

Säugetiere werden nach der Geburt von der Mutter gesäugt. Sie besitzen zwei Paar Gliedmaßen, sind gleichwarm und atmen mit Lungen. Ihr Körper ist fast immer mit einem Fell aus Haaren bedeckt. Biologisch gesehen ist auch der Mensch ein Säugetier.

2.3 Wirbeltiere sind an ihren Lebensraum angepasst

Wirbeltiere sind ganz unterschiedlich an ihre Umwelt angepasst.

▶ **ÜBERLEGE** Welche Lebensräume bewohnen die verschiedenen Klassen von Wirbeltieren? Welche Eigenschaften sind dafür notwendig?

Vergleiche bei den verschiedenen Klassen der Wirbeltiere die Fortbewegung, Atmung und Fortpflanzung.

Fortbewegung

Fortbewegung an Land: Zwischen der Form der Beine und Füße und deren Aufgaben besteht eine enge Beziehung: Je länger z. B. die Beine von Landtieren sind, desto schneller können sie laufen.

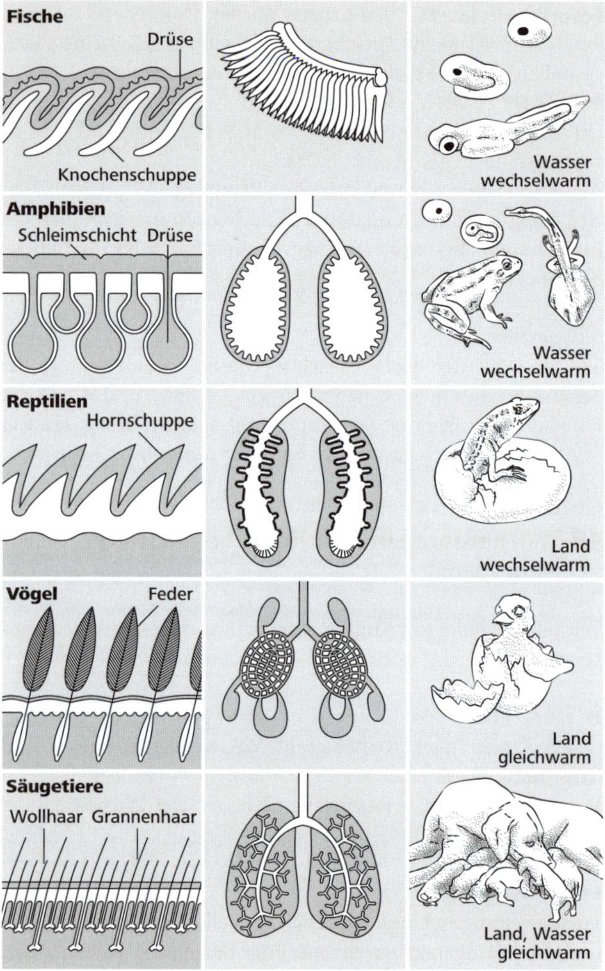

Wirbeltierklassen im Vergleich: Körperbedeckung (links), Atmung (Mitte), Entwicklung (rechts)

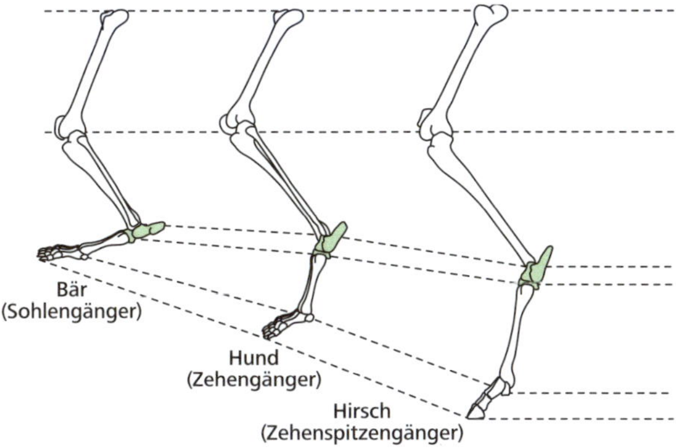

Sohlen-, Zehen- und Zehenspitzengänger

Kriechtiere wie Schlangen, bei denen die Gliedmaßen fehlen, bewegen sich durch schlängelndes Kriechen vorwärts, indem sie abschnittsweise die Muskeln in der linken und der rechten Körperhälfte zusammenziehen. Dadurch werden die Rippen auf die Bauchschuppen gedrückt, die sich dann im Boden verankern (↗ Abb. S. 26).

Fliegen: Vögel können auf unterschiedliche Weise fliegen. Beim *Ruderflug* wird der Flügel mit Muskelkraft auf und ab bewegt (↗ Abb. S. 26). Beim Abschlag bilden Hand- und Armschwingen eine Tragfläche, beim Aufschlag werden die Handschwingen so gestellt, dass Luft durch die Flügelfläche streichen kann. Wenn Luft über die gewölbten Flügel hinwegströmt, reißt sie Luft mit und hebt den Flügel an. Man nennt das Auftrieb. Beim *Gleitflug* und beim *Segelflug* fliegt der Vogel ohne Flügelschlag.

Schwimmen: Die Fortbewegung im Wasser erfolgt nach dem Ruderprinzip: Gliedmaßen schlagen nach hinten, wodurch der Körper gegen den Wasserwiderstand nach vorn bewegt wird.

Bei Fischen dient die Schwimmblase als Schwebeorgan. Mit ihrer Hilfe können sie im Wasser schweben, sinken oder aufsteigen. Beim aktiven Schwimmen sind die Flossen Antrieb und Steuer.

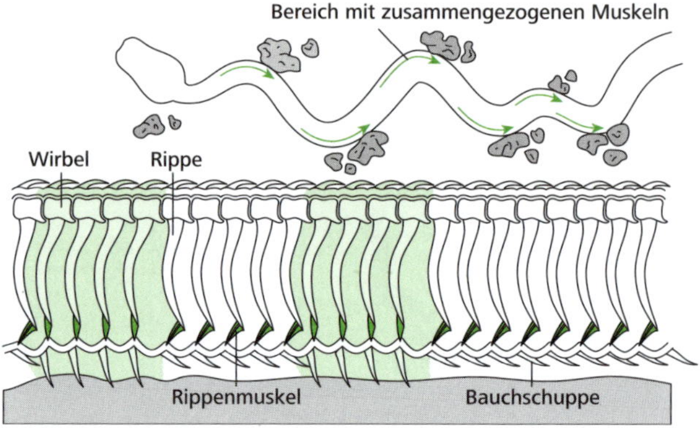

Rippen und Muskeln der Schlange

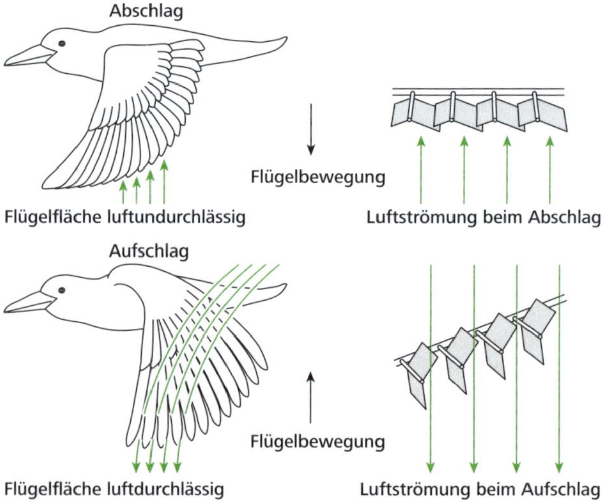

Ruderflug

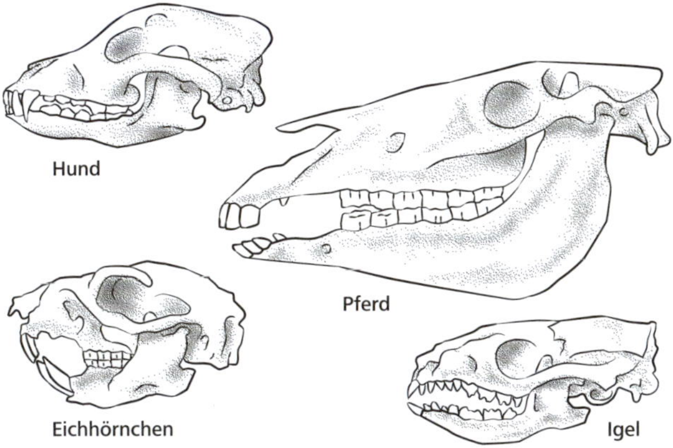

Gebisstypen bei Säugetieren: Hund (vorwiegend Fleischfresser), Pferd (Pflanzenfresser), Eichhörnchen (Nagetier), Igel (vorw. Insektenfresser)

Ernährung

Bei Säugetieren lässt der Körperbau Rückschlüsse auf die Ernährungsweise zu, vor allem das Gebiss:

- Ein Fleischfressergebiss ist durch dolchartige Eckzähne, scharfkantige Backenzähne und kleine Schneidezähne gekennzeichnet.
- Breitflächige Backenzähne sind typisch für ein Pflanzenfressergebiss.
- Meißelförmige lange Schneidezähne findet man im Nagetiergebiss.
- Beim Gebiss von Insektenfressern wie dem Igel sind alle Zähne spitz und kräftig.

Der Nährwert von Pflanzen- und Fleischnahrung ist sehr unterschiedlich und pflanzliche Nahrung ist meist schwerer zu verdauen. Daher ist der Darm von Pflanzenfressern viel länger und ihr Magen oft größer als der von Fleischfressern.

▶ VERNETZUNG Verdauung, S. 72

▶ **ÜBERLEGE** Welcher Zusammenhang besteht zwischen Ernährungsweise und Körperbau (Gebiss, Verdauungssystem)?

Überwinterung

Winterstarre: Kriechtiere, Lurche, Fische sowie alle wirbellosen Tiere sind wechselwarm. Bei ihnen passt sich die Temperatur des Körpers an die Außentemperatur an. Die Aktivität dieser Tiere richtet sich somit nach der Umgebungstemperatur. Im Winter werden sie starr und wirken dann wie tot. Diesen Zustand nennt man Winterstarre. Weit unter den Gefrierpunkt darf die Körpertemperatur aber nicht fallen, sonst sterben die Tiere.
Winterschlaf: Säugetiere und Vögel sind gleichwarme Tiere. Ihre Körpertemperatur bleibt immer konstant. Die Winterschläfer unter ihnen bilden aber eine Ausnahme. Im Herbst suchen sie ein frostfreies Winterquartier und halten hier Winterschlaf. Dabei sinkt ihre Körpertemperatur etwa auf die Temperatur der Umgebung ab. Werden die Tiere geweckt, steigt ihre Temperatur gleich wieder auf den ursprünglichen Wert zwischen 35 und 39 °C an. Während des Winterschlafs zehren sie von ihrem Fettpolster, das sie sich zuvor angefressen haben (↗ Abb. S. 14).
Winterruhe: Um den Energieverbrauch zu senken, bleiben Winterruher wie Eichhörnchen, Dachs und Biber bei besonders kalter Witterung tagelang im Nest. Die Körpertemperatur bleibt gleich, Herzschlag und Atmung sind kaum verringert.
▶ **VERNETZUNG** Ökologie, S. 153

2.4 Wirbellose Tierstämme

Von allen auf der Erde vorkommenden Tierarten machen Wirbeltiere nur etwa 5 % aus. Die übrigen 95 % sind wirbellose Tiere, also Tiere, die keine Wirbelsäule haben. Dies ist aber schon ihre einzige Gemeinsamkeit. Ansonsten herrscht unter ihnen eine große Vielfalt. Neben den auf Seite 18 vorgestellten Schwämmen und Hohltieren gibt es weitere wirbellose Tierstämme.

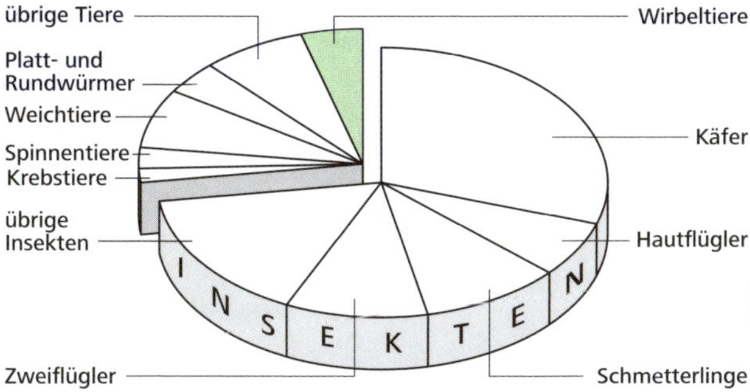

Die Mehrzahl aller Tierarten gehört zu den wirbellosen Tieren.

Gliedertiere

Als Gliedertiere werden *Gliederwürmer* (Ringelwürmer) und *Gliederfüßer* zusammengefasst.

Gliederwürmer: Der Körper der *Ringelwürmer* ist in viele gleichartige Körperringe (Segmente) gegliedert. Darin wiederholen sich bestimmte Organe paarweise. Ringelwürmer atmen durch die Haut und leben im Boden oder im Wasser (Beispiel: Regenwurm).

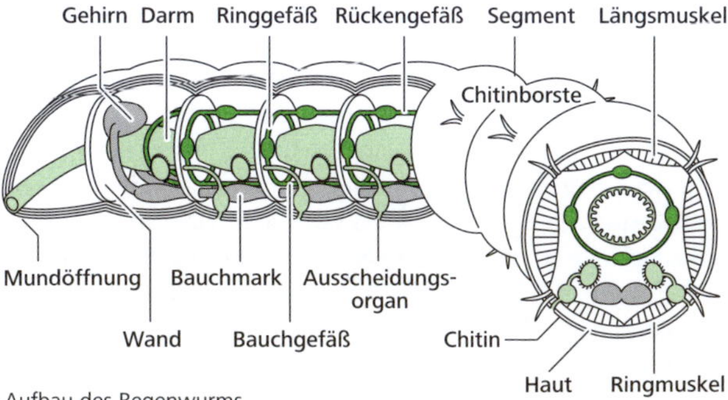

Aufbau des Regenwurms

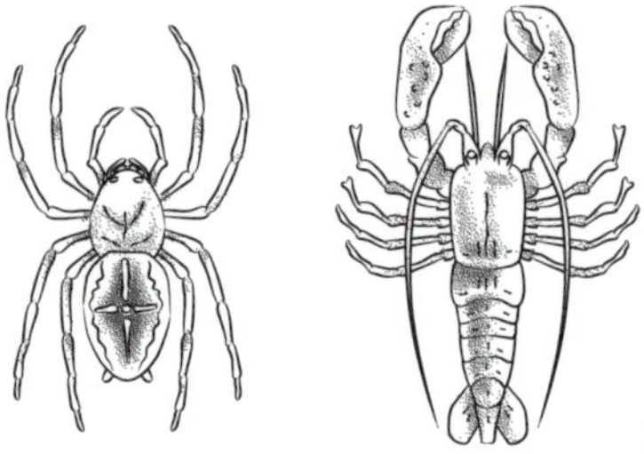

Spinne und Krebs

Gliederfüßer: Zu diesem Tierstamm zählen Insekten, Spinnentiere, Krebstiere und Tausendfüßer. Alle Gliederfüßer besitzen

- ein chitinhaltiges Außenskelett,
- ein Strickleiternervensystem auf der Bauchseite und
- ein Röhrenherz auf der Rückenseite, das nur über einige zu- und ableitende Gefäße verfügt (offener Blutkreislauf).

Insekten bilden die artenreichste Tiergruppe – sie werden im nächsten Abschnitt ausführlicher vorgestellt (↗ S. 31).

Spinnentiere sind Landtiere. Ihr Körper ist in Kopfbruststück und Hinterleib gegliedert. Spinnen haben vier Paar Beine, zwei Kiefer und zwei Kiefertaster. Sie haben Punktaugen, sind flügellos und atmen mit Fächer- und Röhrentracheen. Webspinnen wie die Kreuzspinne besitzen Spinndrüsen, aus deren Sekret sie zum Beutefang Netze spinnen können. Spinnen legen ihre Eier meist in einen Kokon ein. Die schlüpfenden Jungen gleichen – bis auf die Größe – den erwachsenen Tieren.

Krebstiere sind Wassertiere und atmen mit Kiemen. Ihr Körper ist in zwei oder drei Abschnitte unterteilt: in Kopfbruststück und Hinterleib oder in Kopf, Brust und Hinterleib. An den zahlreichen Körpersegmenten sitzen je zwei Beinpaare oder Mundwerkzeuge. Krebse haben Facettenaugen, die aus vielen Einzelaugen (Ommatidien) bestehen, und zwei Paar Fühler.

Tausendfüßer sind äußerlich gleichartig segmentierte Landbewohner mit einem (Hundertfüßer) oder zwei (Doppelfüßer) Beinpaaren pro Körpersegment.

Weichtiere

Der Körper der Weichtiere gliedert sich in Fuß, Eingeweidesack, Mantel und Kopf (nicht bei Muscheln). Wasserlebende Weichtiere atmen mit Kiemen, Landschnecken mit einfachen Lungen. Meist sind sie Zwitter.
Schnecken und *Muscheln* besitzen eine Kalkschale, die vom Mantel abgeschieden wird. *Kopffüßer* haben zehn Fangarme (Tintenfische und Kalmare) oder acht Fangarme (Kraken).

Stachelhäuter

Die Tiere dieses Stammes leben ausschließlich im Meer und sind meist fünfstrahlig (radiärsymmetrisch) gebaut. Oft sind Stacheln ausgebildet. Ihr Wasserleitsystem dient der Atmung, Nahrungsaufnahme und Fortbewegung. Unter der Haut liegt ein Innenskelett aus Kalk (Beispiele: Seesterne und Seeigel).

Platt- und Rundwürmer

Zu diesen Tieren zählen wurmförmige Tiere ohne Segmentierung. Viele Arten sind Parasiten (↗ S. 34 u. 158). Der Körper der *Plattwürmer* ist abgeplattet und oft bewimpert (Strudelwurm, Bandwurm, Leberegel). *Rundwürmer* sind spindelförmig und ohne Wimpern (Spulwurm, Trichine).

2.5 Die Klasse der Insekten

Körperbau

Insekten sind meist Landtiere. Ihr Körper ist in Kopf, Brust und Hinterleib gegliedert. Am Kopf sitzen Fühler, Netzaugen (Facettenaugen) und Mundwerkzeuge. Mit den Fühlern kann das Insekt riechen und tasten, mit den spezialisierten Mundwerkzeugen nimmt es seine Nahrung auf. An der Brust setzen vier Flügel und sechs Beine an. Insekten atmen durch ein Netz feiner Röhren im Körperinnern (Tracheensystem).

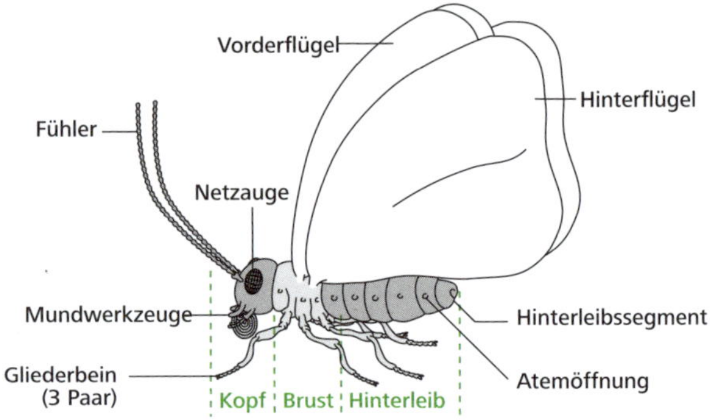

Grundbauplan der Insekten (Beispiel Schmetterling)

Im Gegensatz zu den Wirbeltieren haben Insekten ein Außenskelett aus Chitin. Der starre Chitinpanzer der Insekten ist in viele Körperringe (Segmente) untergliedert. Gelenke an den Einschnitten machen den Körper beweglich. Die Muskeln der Insekten befinden sich im Innern des Chitinpanzers.

Insekten haben wie alle Gliederfüßer ein Strickleiternervensystem, das auf der Bauchseite verläuft, außerdem ein Röhrenherz auf der Rückenseite und einen offenen Blutkreislauf.

Entwicklung

Insekten legen Eier und machen im Larvenstadium eine Verwandlung (Metamorphose) durch.

- Bei der *vollkommenen Verwandlung* schlüpft aus dem Ei eine Larve, die sich nach mehreren Häutungen zur Puppe umwandelt. Aus der Puppenhülle schlüpft das erwachsene Insekt.
- Bei der *unvollkommenen Verwandlung* sieht die Larve dem erwachsenen Tier bereits ähnlich, ein Puppenstadium fehlt.

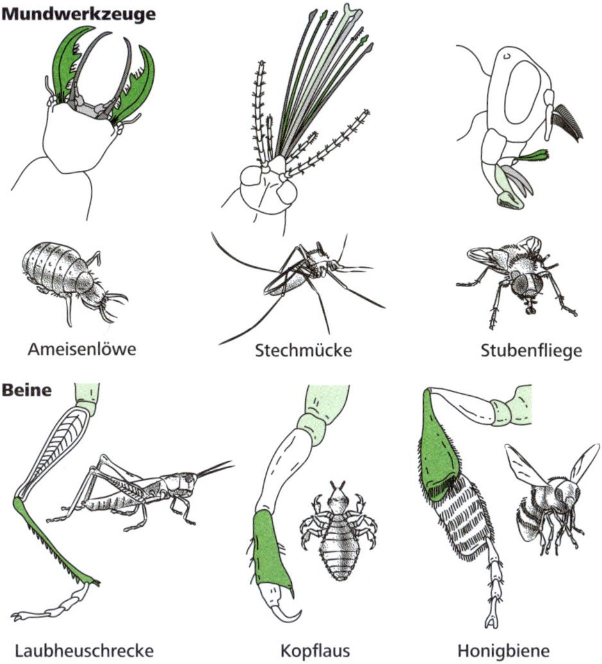

Grundbauplan und Abwandlungen

Angepasstheit bei Insekten

Auch Insekten sind durch Besonderheiten in Körperbau und Verhaltensweisen an unterschiedliche Umweltbedingungen angepasst. So sind z. B. die Mundwerkzeuge (Mundgliedmaßen) und die Beine unterschiedlich.

▶ **ÜBERLEGE** Vergleiche Körperbau, Skelett und Atmung von Wirbeltier und Insekt.
Nenne Beispiele für Insektenarten mit vollkommener und unvollkommener Verwandlung.

Merkmale verschiedener Insektenordnungen

Käfer: Große harte Deckflügel liegen auf einem darunterliegenden zweiten Flügelpaar.
Zweiflügler: Diese Insekten haben nur zwei große Flügel. Die Hinterflügel sind winzig und dienen zur Flugsteuerung. Zu den Zweiflüglern gehören Stechmücken, Schnaken und Fliegen.
Schmetterlinge: Bei ihnen sind die Flügel mit vielen schuppenförmigen Haaren bedeckt.
Hautflügler: Ihre vier Flügel sind durchscheinend. Zu den Hautflüglern gehören Bienen, Hummeln, Wespen, Hornissen und Ameisen.
Libellen: Ihre vier durchsichtigen Flügel zeigen eine auffällige Aderung. Die Larven leben im Wasser.
Heuschrecken: Das dritte Beinpaar ist zu kräftigen Sprungbeinen umgewandelt.

Insekten und Mensch

Insekten sind auch für den Menschen bedeutsam. Manche ernähren sich als Schmarotzer (Parasiten) auf Kosten anderer Lebewesen (Wirte). So saugen Stechmückenweibchen auch von Menschen Blut. In warmen Ländern können Stechmücken die gefährliche Krankheit Wechselfieber (Malaria) übertragen. Kopfläuse saugen Blut aus der Kopfhaut des Menschen. Mit ihren Klammerbeinen halten sie sich in den Haaren fest. Ihre Eier kleben sie mit wasserfestem Kitt an die Haare.
Blattläuse saugen Pflanzensaft und verursachen dadurch Schäden im Obst- und Gartenbau. Wenn sie in Massen auftreten, sterben die Pflanzen ab. Blattläuse sind somit aus Sicht des Menschen Schädlinge.
Andere Insekten wie Marienkäfer und Schwebfliegen vertilgen Blattläuse und sind daher aus Sicht des Menschen Nützlinge. Viele Insekten bestäuben Samenpflanzen.

▶ **ÜBERLEGE** Was kannst du über die Bedeutung verschiedener Insekten für Mensch, Tiere und Pflanzen sagen?

Lerncheck

Kapitel „Tiere“	O. K. ✓	Das muss ich noch mal lesen
Ich kann für die fünf Wirbeltierklassen die Erkennungsmerkmale nennen.		S. 19–24
Ich kann den Zusammenhang zwischen Lebensraum, Körperbau und Fortbewegungsweise bei verschiedenen Tieren erkennen und beschreiben.		S. 23–26
Ich kann die Fortpflanzung und Entwicklung bei verschiedenen Wirbeltieren vergleichen.		S. 24
Ich kann die Bedeutung von wechselwarm und gleichwarm unterscheiden und dafür Beispiele aus dem Tierreich anführen.		S. 19–23 und S. 28
Ich kann erklären, dass Tiere durch Körperbau und Lebensweise an ihre Umwelt angepasst sind.		S. 23–28 und S. 32, 33
Ich kann die Anpassungen der Vögel an das Leben in der Luft aufzählen.		S. 22, 23
Ich kann die Anpassungen der Fische an das Leben im Wasser aufzählen.		S. 19, 20
Ich kann typische Merkmale der Insekten anführen und erläutern.		S. 31–34
Ich kann Merkmale und Lebensweise weiterer Klassen der Wirbellosen beschreiben.		S. 28–31
Ich kann die Begriffe Winterschlaf und Winterstarre unterscheiden.		S. 28

3 Pflanzen und Pilze

Pflanzen sind Lebewesen, die sich durch Fotosynthese selbst ernähren, sie sind autotroph. Mithilfe von Sonnenlicht und Blattgrün (Chlorophyll) wandeln sie dazu Wasser und Kohlenstoffdioxid in Zucker und Stärke um.
Das Reich der Pflanzen ist in die Abteilungen Algen, Moose, Farne und Samenpflanzen untergliedert (↗ vordere Umschlagklappe). Die Pilze bilden ein eigenes Reich, da sie keine Fotosynthese betreiben können.

3.1 Samenpflanzen

Grundbauplan

Für Samenpflanzen sind Samen- und Blütenbildung kennzeichnend. Sie wurden früher auch als Blütenpflanzen bezeichnet. Da aber auch einige Farne Blüten bilden, wird diese Bezeichnung heute vermieden.
Samenpflanzen sind in Wurzel und Spross gegliedert. Der Spross besteht aus den Pflanzenorganen Sprossachse (Stängel, Stamm), Laubblättern und Blüten.
Die **Wurzel** verankert die Pflanze im Boden und gibt ihr Halt. Mit den feinen Wurzelhärchen nimmt sie Wasser und lebensnotwendige Mineralsalze aus dem Boden auf. Außerdem speichert die Wurzel Nährstoffe als Vorrat.
Im **Stängel** verlaufen feine Röhren als Leitungsbahnen, die zu Leitbündeln zusammengefasst sind. Sie leiten Wasser und Mineralsalze von der Wurzel zu den oberirdischen Pflanzenteilen (↗ Abb. S. 49). In umgekehrter Richtung werden die Fotosyntheseprodukte Zucker und Stärke von den Blättern zur Wurzel

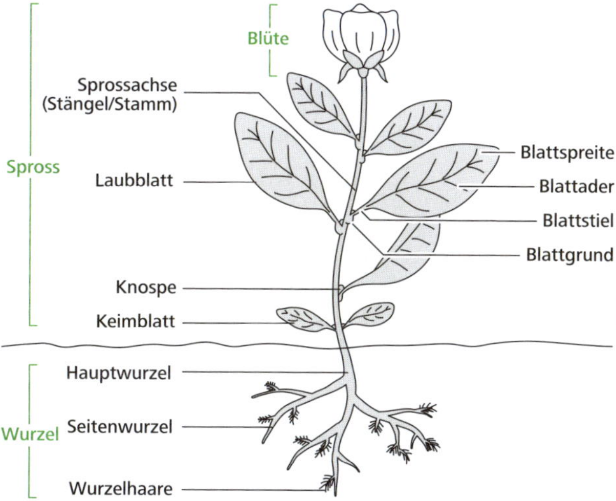

Grundbauplan einer Samenpflanze

3

transportiert und so alle Pflanzenteile mit Nährstoffen versorgt. Die **Blätter** sind die Organe der Fotosynthese. Sie enthalten den Blattfarbstoff Chlorophyll. Über die Spaltöffnungen an der Blattunterseite erfolgt der Gasaustausch (Aufnahme von Kohlenstoffdioxid, Abgabe von Sauerstoff).

▶ **VERNETZUNG** Stoffwechsel, S. 48

Die **Blüte** dient der Fortpflanzung. Es lassen sich folgende Blütenteile unterscheiden: Die *Kelchblätter* umgeben und schützen die Blütenknospe. Die *Kronblätter* sind meist groß und auffällig gefärbt, um Insekten anzulocken. Im Innern der Blüte befinden sich *Staubblätter* und *Stempel* (Fruchtblatt). Ein Staubblatt besteht aus dem Staubfaden und dem Staubbeutel, der den Blütenstaub (Pollen) enthält. Der Stempel setzt sich aus *Narbe*, *Griffel* und *Fruchtknoten* zusammen. Im Fruchtknoten befinden sich die Samenanlagen mit den Eizellen. Aus dem Fruchtknoten bilden sich die Früchte mit den Samen.

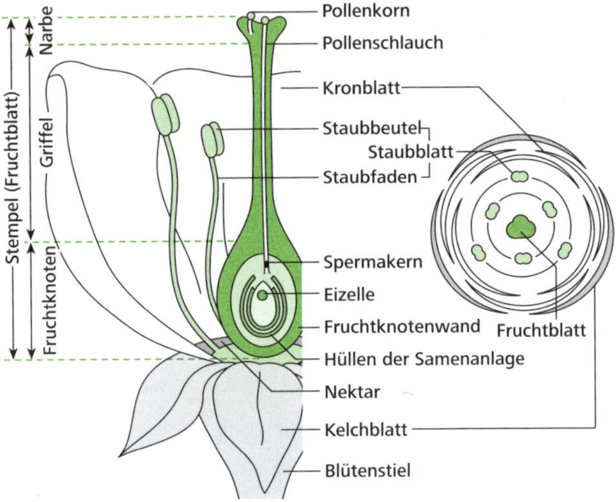

Blütenschema: Längsschnitt und Blütendiagramm

▶ **ÜBERLEGE** Welche Organe der Pflanze sind am Wassertransport beteiligt?
Welche Funktion haben die verschiedenen Blütenblätter?

Fortpflanzung

Geschlechtliche Fortpflanzung: Bei der Bestäubung gelangt Pollen auf die Narbe. Die Bestäubung geschieht meist durch Insekten oder den Wind.

▶ **VERNETZUNG** Vererbung, S. 123

Nach der Bestäubung wachsen die Pollen zu Schläuchen aus, die durch den Griffel zum Fruchtknoten führen. In den Pollenschläuchen entwickeln sich männliche Keimzellen. In der Samenanlage des Fruchtknotens verschmilzt der Kern der männlichen Geschlechtszelle mit dem der weiblichen Eizelle. Dieser Vorgang heißt Befruchtung.

Steinfrucht **Sammelfrucht** **Sammelbalgfrucht** **Beere**

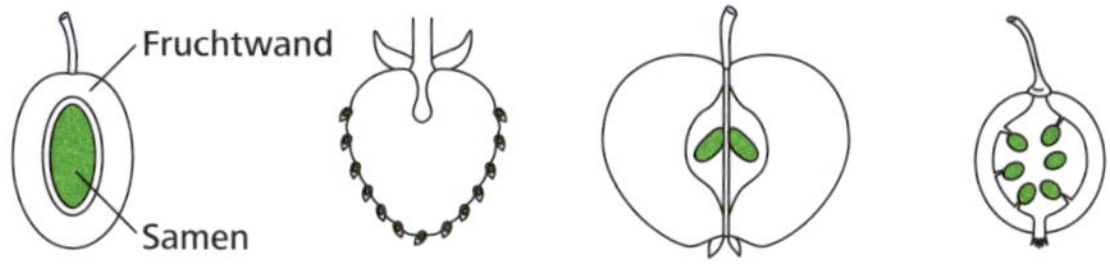

Steinfrucht: Der äußere Teil der Fruchtwand ist saftig, der innere steinhart.

Sammelfrucht: Mehrere einsamige Einzelfrüchte sind bei der Fruchtbildung zusammengewachsen.

Sammelbalgfrucht: An der Bildung sind außer dem Fruchtknoten noch andere Blütenteile beteiligt (z.B. Blütenboden).

Beere: Saftige Schließfrucht, im Inneren der fleischigen Fruchtwand mehrere Samen.

Nuss **Kapsel** **Hülse** **Schote**

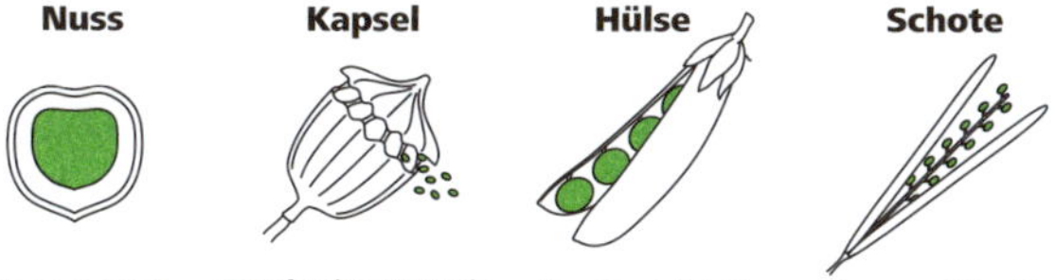

Nuss: Trockene Schließfrucht, im Inneren der harten Schale meist nur ein Samen.

Kapsel: Streufrucht mit Spalt- oder Porenöffnungen, aus Blüten mit mehreren Fruchtblättern entstanden.

Hülse: Das Fruchtblatt reißt bei der Reife an zwei Seiten auf.

Schote: Aus zwei Fruchtblättern entstanden, die bei Reife aufreißen.

Formen von Früchten

Samenbildung: Aus der befruchteten Eizelle entwickelt sich der Samen. Er besteht aus Samenschale, Nährgewebe und dem Keimling. Dieser entwickelt sich mit der Keimung zur vollständigen Pflanze weiter.
Fruchtbildung: Bei Bedecktsamern (↗ S. 42) bilden der Samen und Teile des Fruchtknotens, die als Hüllen den Samen umgeben, die Frucht. Die Abbildung oben zeigt einige Fruchtformen.
Die Verbreitung von Samen und Früchten erfolgt durch Tiere, Wind, Wasser, Selbstverbreitung (Schleuderfrüchte) oder auch durch den Menschen. So können Pflanzen neue Standorte besiedeln.
Ungeschlechtliche Vermehrung: Pflanzen vermehren sich ungeschlechtlich durch die Bildung von Ausläufern, Knollen, Brutzwiebeln oder Ablegern. Manche Pflanzen lassen sich durch Blatt- oder Sprossstecklinge vermehren.

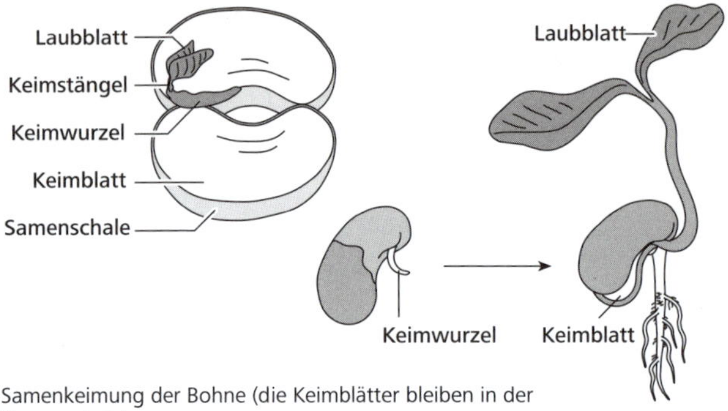

Samenkeimung der Bohne (die Keimblätter bleiben in der Samenschale)

Keimung

Die Keimung der Samen beginnt mit dem Quellen durch Wasseraufnahme. Danach treiben die Keimwurzel und der Keimstängel aus. Bis der Keimling sich durch Fotosynthese (↗ S. 50) ernähren kann, dient ihm das Nährgewebe als Energiereserve. Samen keimen nur, wenn ausreichend Wasser, Wärme und Luft vorhanden ist.

Stoffspeicherung

In unterirdischen Speicherorganen lagern viele Pflanzen überschüssige Nährstoffe an. Damit können sie den Winter überstehen. Man unterscheidet

- Zwiebeln mit fleischigen Speicherblättern,
- Rüben als verdickte Wurzeln und
- Sprossknollen (Beispiel: Kartoffel).

▶ **ÜBERLEGE** Was ist der Unterschied zwischen Bestäubung und Befruchtung?
Welche Bedeutung haben Früchte für die Pflanze und für Samen?
Unter welchen Bedingungen keimen Samen?

Vielfalt

Samenpflanzen gibt es in großer Vielfalt. In den verschiedenen Klimazonen leben ganz unterschiedliche Formen. Sie prägen die Vegetation und die verschiedenen Lebensräume.
Nach ihrer Wuchsform unterscheidet man Bäume, Sträucher und krautige Pflanzen. *Bäume* haben einen holzigen Stamm und eine Krone. *Sträucher* haben holzige Zweige, besitzen aber keinen zentralen Stamm und sind wie die Bäume mehrjährig. *Krautige Pflanzen* haben keine holzigen Teile und sind meist ein- oder zweijährig.
Nach der Bedeutung für den Menschen wird zwischen *Wild-* und *Nutzpflanzen* unterschieden. Nutzpflanzen stammen von Wildpflanzen ab und wurden durch fortgesetzte Auslese und Züchtung zu Kulturpflanzen.

Ordnung in der Vielfalt

Um Pflanzen systematisch zu ordnen, stellt man verwandte Pflanzen mit wichtigen gemeinsamen Merkmalen zu Gruppen zusammen. Verwandtschaft lässt sich bei Samenpflanzen am besten am Bau der Blüten feststellen.

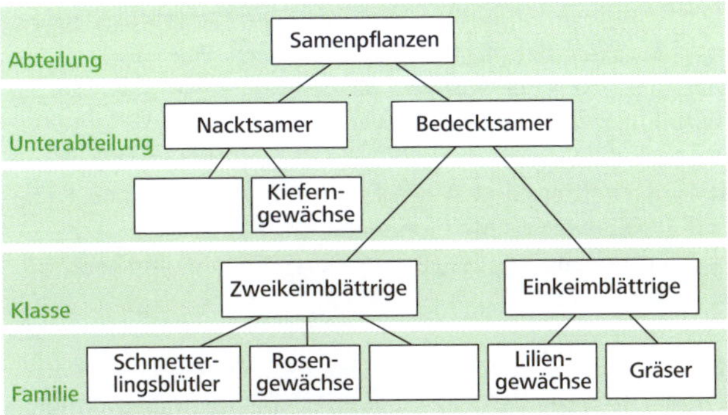

Überblick: Ordnungssystem der Samenpflanzen

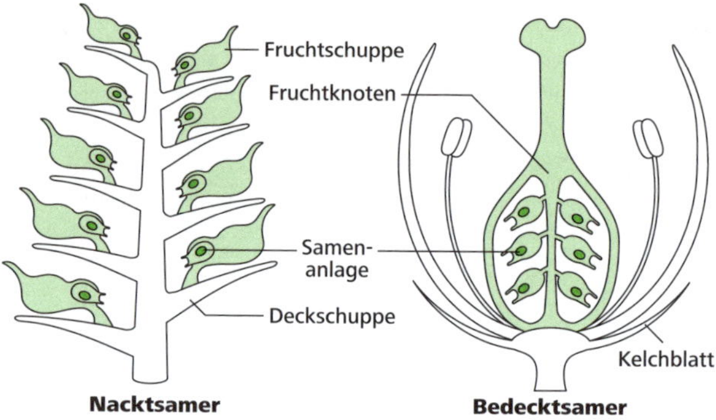

Nacktsamer – Bedecktsamer

Nacktsamer: Bei ihnen liegen die Samenanlagen „nackt“, das heißt ohne schützenden Fruchtknoten zwischen schuppenförmigen Blättern. Der Pollen kann sie so direkt erreichen. Die Bestäubung erfolgt vor allem durch den Wind. Es entstehen Samen, aber keine Früchte. Nacktsamer sind fast ausschließlich Bäume. Beispiele: Kiefer, Fichte, Tanne.

Bedecktsamer: Hier ist die Samenanlage von einem Fruchtknoten umgeben, der sich zur Frucht entwickelt.

Die Keimlinge der *Einkeimblättrigen Bedecktsamer* besitzen nur ein Keimblatt. Beispiele: Gräser, Orchideen, Palmen.

Bei den *Zweikeimblättrigen Bedecktsamern* sind seitlich am Keimling zwei Keimblätter angelegt. Beispiele sind

- Lippenblütengewächse (Wiesensalbei, Taubnessel),
- Schmetterlingsblütengewächse (Bohne, Ginster),
- Korbblütengewächse (Sonnenblume, Margerite),
- Kreuzblütengewächse (Raps, Wiesenschaumkraut) und
- Rosengewächse (Erdbeere, Apfel).

▶ **ÜBERLEGE** Was unterscheidet Samen und Frucht? Ordne Beispiele für Samenpflanzen systematischen Gruppen zu.

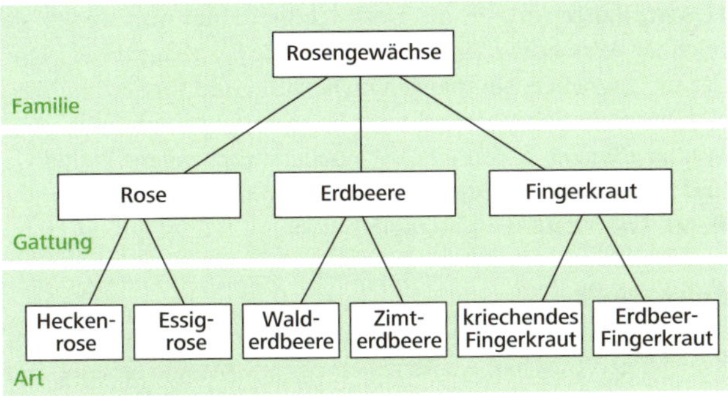

Beispiel: Einteilung der Rosengewächse

Angepasstheit bei Pflanzen

Die Eroberung eines Lebensraumes erfordert immer bestimmte Anpassungen beim Bau und Stoffwechsel der verschiedenen Lebewesen. Nur aufgrund dieser stammesgeschichtlich erworbenen Angepasstheit können sich die verschiedenen Arten an ihrem Standort behaupten.

▶ VERNETZUNG Evolutionsfaktoren, S. 195

Frühblüher beispielsweise sind in besonderer Weise an Lichtverhältnisse angepasst, sie blühen, bevor Bäume und Sträucher ihre Blätter entfalten. Die Nährstoffe, die ein Blühen im Frühjahr ermöglichen, wurden bei ihnen schon im Vorjahr gebildet und in unterirdischen Organen gespeichert.

Viele Pflanzen sind in ihrem Bau an die unterschiedliche Verfügbarkeit von Wasser in ihren jeweiligen Standorten angepasst und erreichen so, dass Wasseraufnahme und Wasserabgabe ausgeglichen sind und der Wassergehalt somit konstant ist.

Trockenpflanzen sind so gebaut, dass sie wenig Wasser verdunsten. Fein zerteilte und behaarte Blätter sowie nadelförmige Blätter mit einer lederartigen Haut setzen die Verdunstung herab. Trockenpflanzen besitzen oft besonders lange Wurzeln oder ein weit verzweigtes Wurzelwerk. Beispiele: Kakteen, Silberdistel.

Feuchtpflanzen haben oft großflächige Blätter, mit denen sie reichlich Wasser verdunsten können. Die Blatthaut (obere Epidermis) ist bei Feuchtpflanzen meist dünn und wasserdurchlässig. Beispiele: Sumpfdotterblume, Pestwurz, Springkraut.
Wasserpflanzen haben von Luftkanälen durchzogene Blattstiele und Stängel zur Versorgung der Wurzeln mit Sauerstoff.
▶ VERNETZUNG Ökologie, S. 155

Reizbarkeit

Pflanzen reagieren wie Tiere auf Reize. Nachdem sich die Knospe geöffnet hat, wenden sich der wachsende Stängel und die jungen Blätter dem Licht zu.

3.2 Sporenpflanzen: Moose und Farne

Moose

Moose sind vorwiegend Landpflanzen ohne echte Wurzeln.
Man unterscheidet

- *Lebermoose* aus mehreren Zellschichten, die gabelig verzweigte flächige Körper bilden, und
- *Laubmoose*, die in Stämmchen und Blätter gegliedert sind.

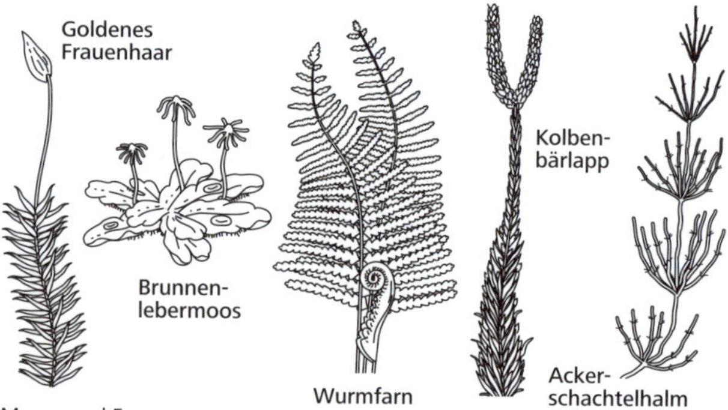

Moose und Farne

Farne

Farne sind Landpflanzen, die in Wurzeln und Spross untergliedert sind und wasserleitende Gefäße besitzen. Deshalb werden sie zusammen mit den Samenpflanzen auch als Sprosspflanzen bezeichnet.

Man unterscheidet folgende Gruppen:

- *Farne:* Sie haben einen kurzen Stamm und ihre Blätter sind als Farnwedel ausgebildet.
- *Bärlappe:* Diese kleinen, am Boden kriechenden Pflanzen verzweigen sich gabelig und besitzen schuppenförmige Blätter.
- *Schachtelhalme:* Ihr Stängel besteht aus ineinandergeschachtelten Gliedern, ihre verkümmerten Blätter sind quirlförmig angeordnet.

3.3 Algen

Algen sind an das Leben im Wasser angepasste Pflanzen. Nach ihrem Bau unterscheidet man *einzellige Algen, Kugelalgen, Fadenalgen* und flächige *Tange.*

Der Algenkörper ist nicht in Spross und Wurzel gegliedert. Algen vermehren sich meist ungeschlechtlich durch Sporen, die durch einfache Zellteilung entstehen. Aber auch geschlechtliche Vermehrung durch Befruchtung ist möglich. Wichtige Gruppen sind: Grünalgen, Kieselalgen, Jochalgen, Geißelalgen, Braunalgen und Rotalgen (↗ Abb. S. 46).

3.4 Flechten

Flechten sind Doppellebewesen aus *Pilzgeflecht* und einzelligen *Algen*, die miteinander in Symbiose leben: Die Algen vorsorgen die Pilzfäden mit Nährstoffen, während diese den Algen als Wasser- und Mineralstoffspeicher dienen (↗ Abb. S. 46).

▶ VERNETZUNG Ökologie, S. 159

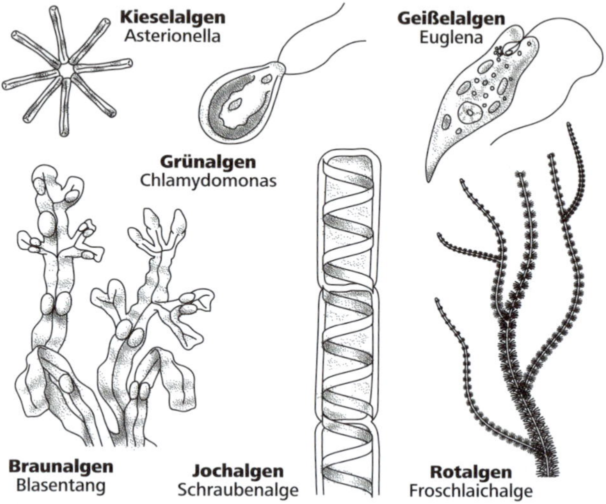

Algen

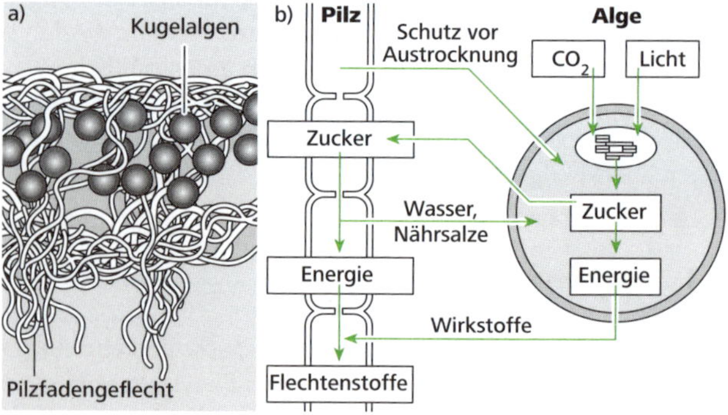

Flechten
a) Bau der Flechte
b) Wechselbeziehungen zwischen Algen und Pilzfäden in der Flechte

3.5 Pilze

Bau und Entwicklung

Pilze enthalten kein Chlorophyll. Sie können daher keine Fotosynthese betreiben und sind auf die Zufuhr organischer Nährstoffe angewiesen, sie sind heterotroph. Pilze werden darum heute nicht mehr zu den Pflanzen gezählt, sondern bilden ein eigenes Reich (↗ S. 16). Ihre Zellwand enthält Chitin und nicht Cellulose, wie die der Pflanzen.

Bei den Pilzen gibt es einzellige und vielzellige Formen:

- Einzellig sind Hefepilze (↗ S. 64),
- mehrzellig sind Schimmelpilze und Hutpilze. Bei den Hutpilzen unterscheidet man Röhren- und Lamellenpilze.
  Der Pilzkörper besteht meist aus langen Zellfäden (Hyphen), die ein Fadengeflecht (Mycel) bilden (↗ Abb. unten). Bei den Hutpilzen wie dem Champignon ist der eigentliche Pilzkörper, das Mycel, in der Regel nicht sichtbar. Erst zur Fortpflanzung bildet sich ein oberirdischer Fruchtkörper aus Stiel und Hut. An der Unterseite des Hutes entstehen Zellen zur ungeschlechtlichen Vermehrung (*Sporen*), aus denen ein neuer Pilzfaden keimt.

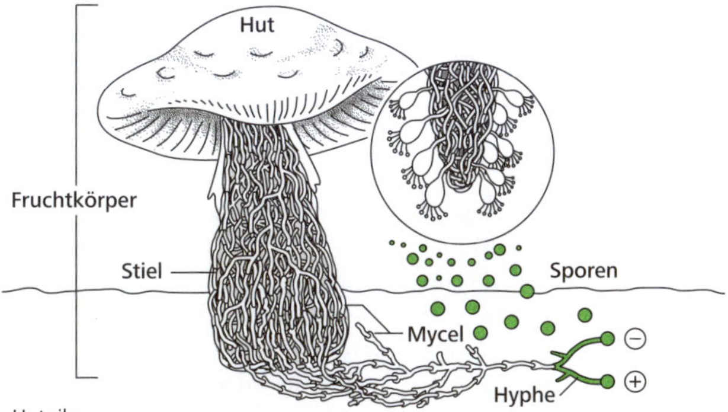

Hutpilz

Bedeutung

Im Kreislauf der Stoffe spielen Pilze eine wichtige Rolle als Zersetzer (Destruenten). Die *Fäulnisbewohner* (Saprophyten) unter den Pilzen bauen organische Stoffe zu anorganischen ab und decken so ihren Nährstoffbedarf.
Viele Hutpilzarten leben mit dem Wurzelsystem von Waldbäumen in *Symbiose* (Mykorrhiza). Die Pilzfäden sind mit den Leitungsbahnen der Baumwurzel verbunden und liefern Wasser und Salze, während der Baum den Pilz mit organischen Nährstoffen versorgt.
Zahlreiche Pilze leben als *Parasiten* (↗ S. 158). Als Krankheitserreger bei Pflanzen, Tieren und Menschen können sie so großen Schaden hervorrufen. Rostpilze z. B. können ganze Ernten vernichten, bei Tieren und Menschen werden insbesondere Haut und Schleimhäute von Pilzen befallen.
Pilze haben auch positive Effekte, z. B. bei der Herstellung bestimmter Käsesorten oder alkoholischer Getränke (z. B. Bierhefe) sowie bei der Gewinnung von Arzneimitteln (z. B. Penicillin).

▶ **ÜBERLEGE** Welches Merkmal ist allen Pflanzengruppen gemeinsam?
Was unterscheidet Pilze von Pflanzen?
Welchen Nutzen haben die Symbiosepartner der Flechte?

3.6 Stoffwechsel bei Pflanzen

Wassertransport

Höher entwickelte Pflanzen wie Samenpflanzen und Farne nehmen aus dem Boden Wasser und darin gelöste Mineralsalze mithilfe ihrer Wurzeln auf. Das Wasser gelangt durch die Leitbündel von Wurzel und Spross in die Blätter. Blätter geben ständig Wasser durch die Spaltöffnungen an die Luft ab. Der Vorgang heißt Verdunstung (Transpiration). Dadurch wird weiteres Wasser aus den Wurzeln in die Blätter gesaugt (Saugpumpe). Zugleich nehmen die Wurzeln durch Osmose (↗ S. 56) Wasser auf und

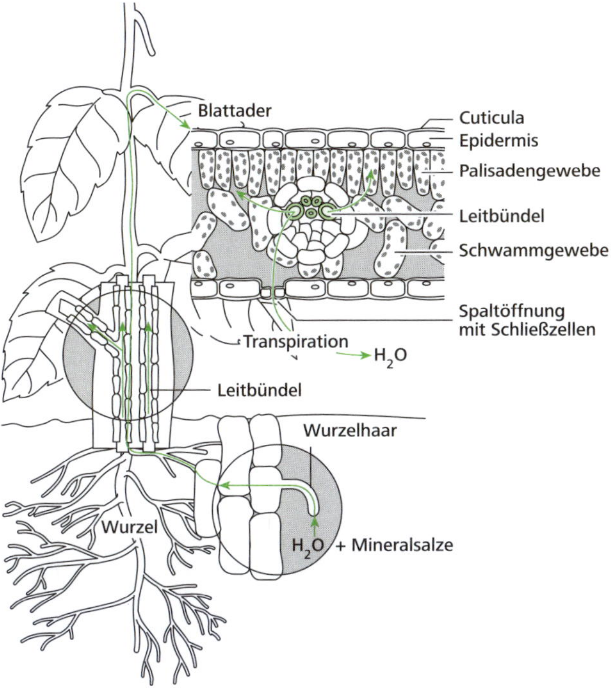

Wassertransport in der Pflanze (rechts: Blattquerschnitt)

pumpen es in die Leitbündel (Druckpumpe). Mit dem Wasser gelangen gelöste Mineralsalze bis zu den Blättern.

Bau des Blattes

Im Blattquerschnitt erkennt man obere und untere Epidermis, Cuticula, Palisadengewebe und Schwammgewebe.
Spaltöffnungen mit Schließzellen in der unteren Epidermis regulieren die Verdunstung und zugleich den Gasaustausch. Die Zellen des Palisadengewebes, des Schwammgewebes und der

Schließzellen enthalten Chloroplasten. Im Wesentlichen findet die Fotosynthese im Palisadengewebe statt. Hier liegen chloroplastenreiche Zellen dicht aneinander. Das lockere Schwammgewebe mit vielen Zellzwischenräumen ist besonders am Gasaustausch beteiligt.

Fotosynthese

Die Fotosynthese findet in den Chloroplasten der Pflanzenzellen statt, hauptsächlich am grünen Blattfarbstoff, dem Chlorophyll. Die Blattfarbstoffe, die in die inneren Membranen der Chloroplasten (↗ S. 53) eingelagert sind, absorbieren das Sonnenlicht und liefern damit die notwendige Energie. Die Energie des Sonnenlichtes wird bei der Fotosynthese genutzt, um aus Wasser und Kohlenstoffdioxid energiereichen Traubenzucker (Glucose) zu bilden. Dabei wird Sauerstoff freigesetzt.

Die Glucose dient der Pflanze als Energie- und Baustoff. Die Pflanze wandelt Glucose dazu in Stärke und andere Stoffe wie Fette, Proteine (Eiweiße) oder Cellulose um.

In der Nacht baut die Pflanze Glucose zur Energiegewinnung durch Zellatmung (↗ S. 75) wieder ab. Für die Zellatmung braucht auch die Pflanze Sauerstoff.

Der Gasaustausch, also die Abgabe und Aufnahme von Sauer-

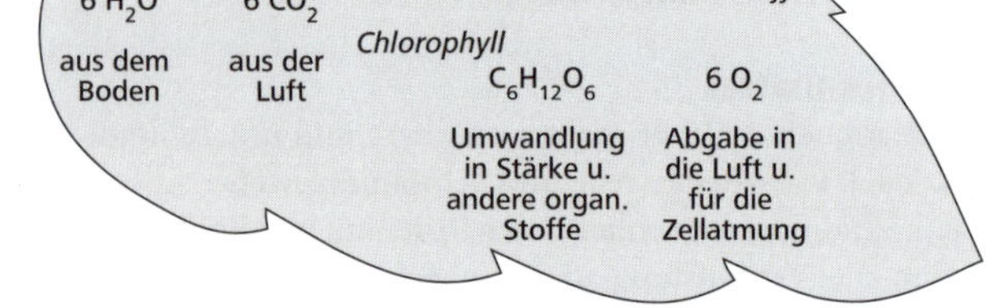

Fotosynthese

stoff und Kohlenstoffdioxid, erfolgt über die Spaltöffnungen. Fotosynthese ist der elementare Stoffwechselvorgang, durch den alle organischen Stoffe hergestellt werden, die zur Lebenserhaltung von Pflanzen, Tieren und Mensch notwendig sind.

Licht- und Dunkelreaktionen der Fotosynthese

Die Fotosynthese besteht aus lichtabhängigen Primärvorgängen (Lichtreaktionen) und lichtunabhängigen Sekundärvorgängen (Dunkelreaktionen).

Lichtabhängige Primärvorgänge: Sie wandeln Lichtenergie in chemische Energie um. Die Absorption von Lichtenergie bewirkt, dass Elektronen des Chlorophyllmoleküls in einen energiereichen Zustand versetzt werden. In weiteren Reaktionen wird Wasser gespalten (Fotolyse) und ATP (↗ S. 76) gebildet (Fotophosphorylierung).

Lichtunabhängige Sekundärvorgänge: Mithilfe der energiereichen Produkte der Lichtreaktion wird nun der energiereiche Stoff Glucose aufgebaut.

Abhängigkeit der Fotosynthese von Außenfaktoren

Licht: Zur optimalen Fotosyntheseleistung ist für die meisten Pflanzen viel Licht notwendig. Je nach Lichtbedarf unterscheidet man Sonnenpflanzen und Schattenpflanzen.

Kohlenstoffdioxid: CO_2 muss in ausreichender Menge vorhanden sein, damit die Pflanze daraus Glucose herstellen kann. Der CO_2-Gehalt der Luft (0,03 Vol.-%) ist dabei nicht optimal, sodass man bei einer CO_2-Begasung (CO_2-„Düngung“ in Gewächshäusern) eine höhere Fotosyntheseleistung erzielen kann.

Temperatur: Je nach Art benötigen die Pflanzen auch eine bestimmte Außentemperatur. Im Allgemeinen beginnt die Fotosynthese bei 0 °C und erreicht ihr Optimum bei 20–35 °C.

Wasser: Auch Wasser muss in ausreichender Menge zur Verfügung stehen. An heißen Tagen schließen sich die Spaltöffnungen, die Verdunstung wird eingeschränkt.

Lerncheck

Kapitel „Pflanzen und Pilze“	O.K. ✓	Das muss ich noch mal lesen
Ich kann den Aufbau einer Blütenpflanze beschreiben und die einzelnen Teile einer Blütenpflanze zeichnen und benennen.		S. 36–38
Ich kann die Aufgaben der Pflanzenorgane angeben.		S. 36–38
Ich kann den Unterschied zwischen Bestäubung und Befruchtung beschreiben.		S. 38
Ich kann geschlechtliche und ungeschlechtliche Fortpflanzung unterscheiden.		S. 38, 39
Ich kann angeben, wie Pflanzen systematisch geordnet werden.		S. 41, 42
Ich kann Pflanzen nach Merkmalen zu Gruppen ordnen.		S. 41–43
Ich kann die Kennzeichen von Moosen, Farnen und Flechten aufzählen.		S. 44–46
Ich kann erläutern, warum Pilze ein eigenes Reich bilden.		S. 47, 48
Ich kann angeben, wie der Wassertransport im Pflanzenkörper funktioniert.		S. 48, 49
Ich kann den Ablauf der Fotosynthese beschreiben und die Abhängigkeit der Fotosynthese von Außenfaktoren erläutern.		S. 50, 51
Ich kann begründen, warum die Fotosynthese *der* grundlegende Stoffwechselprozess ist, von dem alles pflanzliche, tierische und menschliche Leben abhängt.		S. 51

Zelluläre Organisation

Die Zelle ist die kleinste Einheit des Lebendigen. Alle Lebewesen sind aus Zellen aufgebaut. Zellen entstehen immer nur durch Teilung vorhandener Zellen. Man unterscheidet ein- und mehrzellige Lebewesen, deren Zellen einen Zellkern besitzen (Eukaryoten), von einzelligen Lebewesen ohne Zellkern, den Bakterien (Prokaryoten, ↗ S. 65). Die Cytologie befasst sich mit dem Bau und der Funktion der Zellen.

4.1 Lichtmikroskopisches Bild der Zelle

Trotz aller Verschiedenheit im Feinbau lassen sich alle eukaryotischen Zellen auf die Grundformen der Pflanzenzelle und der Tierzelle zurückführen. Beiden gemeinsam sind Zellkern, Zellmembran und Zellplasma, in dem sich verschiedene Zellorganellen befinden.

Pflanzenzellen

Die Zellwand gibt der Pflanzenzelle eine relativ feste Gestalt. Der Zellleib (Protoplast) ist der eigentliche Träger der Lebensfunktionen. Er besteht aus dem Zellplasma (Cytoplasma) und darin eingebetteten Zellorganellen wie Zellkern und Chloroplasten. Bei jungen Pflanzenzellen füllt das Zellplasma den ganzen Zellinnenraum aus, bei älteren Pflanzenzellen liegt ein zentraler Zellsaftraum, die Vakuole, im Innern der Zelle. Dadurch wird der Protoplast eng an die Zellwand gedrückt. Die starren Zellwände verleihen dem Pflanzenkörper seine Festigkeit. Winzige Poren in der Zellwand (Tüpfel) ermöglichen den Stofftransport von Zelle zu Zelle. Die Zellvakuole ist mit Wasser und darin

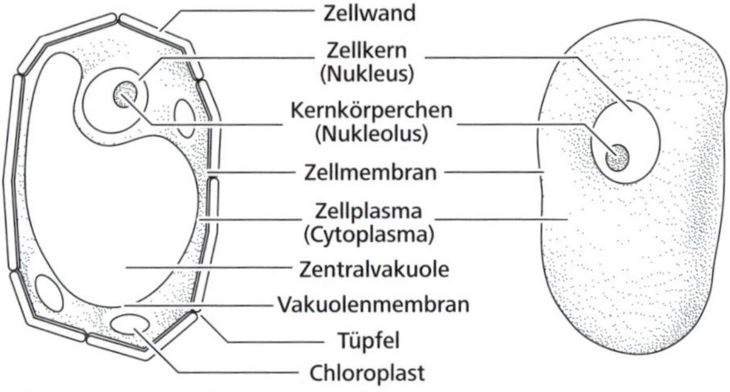

Pflanzen- und Tierzelle im Vergleich (Lichtmikroskop)

gelösten Stoffen gefüllt. Nach außen ist der Protoplast durch die Zellmembran, zur Vakuole hin durch die Vakuolenmembran abgegrenzt. Die elastische Zellmembran regelt Stoffaufnahme und Stoffabgabe der Zelle.

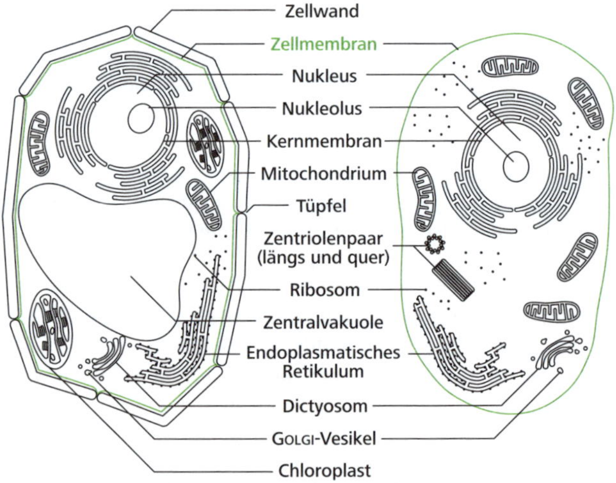

Pflanzen- und Tierzelle im Vergleich (Elektronenmikroskop)

Blattzellen und andere grüne Pflanzenzellen enthalten Chloroplasten mit dem grünen Blattfarbstoff Chlorophyll. Sie sind für die Fotosynthese zuständig.

Zellen von Tier und Mensch

Sie besitzen im Unterschied zu Pflanzenzellen keine Zellwand, sondern sind nur durch eine Zellmembran begrenzt. Im Cytoplasma befindet sich als größtes Zellorganell der Zellkern. Es sind weder Chloroplasten noch eine Zentralvakuole vorhanden.

4.2 Elektronenmikroskopisches Bild der Zelle

Im Elektronenmikroskop mit seinem großen Auflösungsvermögen sind weitere Zellstrukturen (Organellen) zu erkennen.

Organell	Aufbau	Aufgaben
Zellkern	Kernmembran mit Poren, Erbgut (DNA), Kernkörperchen	Steuerung, Mitose,Meiose
Zellplasma	wässrige Lösung	Stofftransport
Zellmembran	Doppelschicht aus Fettbausteinen	Abgrenzung, Stoffaustausch
Mitochondrium	Doppelmembran mit Einstülpungen	Zellatmung
Endoplasmatisches Retikulum (ER)	Membransystem	innerzellulärer Transport
Dictyosom	flache Membranstapel	Anreicherung u. Transport von Sekretstoffen
Ribosom	RNA und Proteine	Proteinbiosynthese
Chloroplast	Doppelmembran mit Chlorophyll	Fotosynthese
Vakuole	Bläschen mit Zellsaft	Speicherung von Stoffwechselprodukten
Zellwand	Celluloseschichten	Festigung

4.3 Zellstoffwechsel

In den Zellen aller Lebewesen finden Stoffwechselvorgänge statt. Dabei lassen sich zwei Vorgänge unterscheiden:

- Beim *Baustoffwechsel* wird eigene Zellsubstanz aus aufgenommenen Stoffen *aufgebaut*.
- Beim *Betriebsstoffwechsel* werden Stoffe zur Nutzung der in ihnen enthaltenen chemischen Energie *abgebaut*.
  Autotrophe Zellen benötigen nur anorganische Ausgangsstoffe und Licht und stellen daraus energiereiche organische Stoffe her. Heterotrophe Zellen sind auf organische Stoffe als Energie- und Kohlenstoffquelle angewiesen.

▶ VERNETZUNG Ökologie, S. 162

▶ **ÜBERLEGE** Wie hängt der Aufbau der Zelle und ihre Ausstattung mit Organellen mit ihrer Funktion zusammen? – Inwieweit sind Fortschritte in der Zellforschung mit der mikroskopischen Technik verknüpft? – Welche Gemeinsamkeiten und Unterschiede gibt es bei den Zellen autotropher und heterotropher Lebewesen?

4.4 Zellulärer Stofftransport

Für den Stoffaustausch der Zelle mit ihrer Umgebung ist die Zellmembran zuständig. Biomembranen sind wahlweise durchlässig (selektiv permeabel). Auch innerhalb der lebenden Zelle laufen ständig Transportvorgänge ab. Man kann verschiedene zelluläre Transportmechanismen unterscheiden.

Passiver Transport: Diffusion und Osmose

Diffusion ist die selbstständige Durchmischung der Teilchen gasförmiger, flüssiger oder gelöster Stoffe aufgrund ihrer Wärmebewegung (brownsche Molekularbewegung). Sie tritt dort auf, wo zwischen zwei mischbaren Stoffen ein Konzentrationsgefälle besteht, und führt schließlich zu einem Konzentrationsausgleich. Die Geschwindigkeit der Diffusion ist vom Konzentrationsgefälle, von der Temperatur und von der Art der Teilchen abhängig.

Osmose ist eine einseitige Diffusion durch eine wahlweise durchlässige (selektiv permeable) Membran. Die Zellmembran ist eine solche Membran, die Wasser und eine Reihe gelöster Stoffe durchlässt, andere Stoffe aufgrund ihrer Molekülgröße oder Ladung jedoch nicht. Die Moleküle, die nicht durchgelassen werden, üben auf die Membran einen Druck aus *(osmotischer Druck)*. Es findet kein Konzentrationsausgleich statt.

Für Pflanzenzellen sind zwei weitere osmotische Vorgänge von Bedeutung:

- Wenn die Lösung außerhalb der Pflanzenzelle eine höhere Konzentration aufweist als die Zellflüssigkeit, tritt Wasser aus der Vakuole aus und die Zellmembran löst sich von der Zellwand. Diesen Vorgang bezeichnet man als *Plasmolyse*.
- Im Innern von Pflanzenzellen herrscht durch eingedrungenes Wasser ein Spannungszustand (*Turgor*). Weiteres Eindringen von Wasser wird durch den Gegendruck der Zellwand verhindert. Beim Welken verringert sich der Turgor.

Da die Zelle für Diffusion und Osmose keine Energie aufwenden muss, zählen beide zu den passiven Transportvorgängen.

Aktiver Transport

Stofftransport *gegen* ein Konzentrationsgefälle benötigt Energie. Durch einen solchen aktiven Transport ist eine Anreicherung von Stoffen in der Zelle möglich. Der dafür notwendige Energieträger der Zelle ist das ATP (↗ S. 76).

▶ **ÜBERLEGE** Worin unterscheiden sich die verschiedenen Formen des zellulären Stofftransports?

4.5 Der Zellkern

Der Zellkern enthält das Erbgut (DNA) und steuert alle Vorgänge in der Zelle nach dem Programm des Erbgutes. Bei einer Zellteilung wird die Erbinformation unverändert an die Tochterzellen weitergegeben. Mit dem Lichtmikroskop erkennt man im Zellkern nur ein fädiges Netzwerk, das sich anfärben lässt, das *Chromatin*. Die Chromatinfäden sind Träger der Erbanlagen (Gene, ↗ S. 123). Den Zellkern umgibt eine *Kernmembran*.

4.6 Zellteilung

Zellen vermehren sich durch Zellteilung. Aus einer Mutterzelle entstehen zwei Tochterzellen, die die gleiche Erbinformation wie die Mutterzelle besitzen.

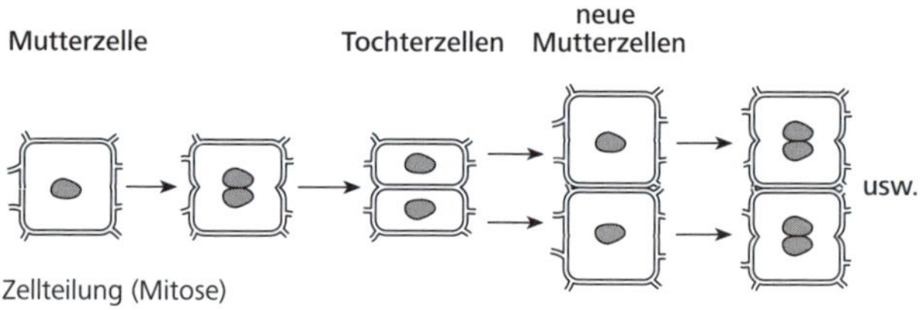

Zellteilung (Mitose)

Der Vorgang der Zellteilung umfasst zwei Phasen:
- die *Teilungsphase*, in der die Kernteilung (*Mitose*) und anschließend die Teilung des Zellplasmas stattfindet,
- die *Arbeitsphase* bis zur nächsten Kernteilung (*Interphase*), in der das Zellwachstum stattfindet und die Erbinformation kopiert und verdoppelt wird.

Chromosomen

Während der Interphase liegen die Chromatinfäden entspiralisiert vor und sind lichtmikroskopisch nicht sichtbar. In dieser

Arbeitsform kann die Erbinformation abgelesen und verwirklicht (↗ S. 143) und für die nächste Kernteilung verdoppelt werden (↗ S. 60).
Für die Kernteilung nehmen die Chromatinfäden eine spiralisierte und verkürzte Gestalt an. In dieser *Transportform* sind sie als *Chromosomen* (Kernschleifen) lichtmikroskopisch erkennbar.
Jedes Chromosom besteht aus zwei Längshälften, den Chromatiden, die am *Centromer* zusammenhängen. Die beiden Chromatiden eines jeden Chromosoms sind vollkommen identisch.
Jede Pflanzen- und Tierart besitzt eine charakteristische Zahl von Chromosomen. So hat der Mensch in jeder Körperzelle 46 Chromosomen. Jeweils zwei Chromosomen entsprechen sich im Aufbau vollkommen und weisen die gleiche Gestalt auf (mit Ausnahme der Geschlechtschromosomen). Man nennt sie *homologe Chromosomen* oder *Chromosomenpaare* (↗ S. 130). Je eines der beiden homologen Chromosomen stammt ursprünglich vom Vater bzw. von der Mutter. Die Körperzellen des Menschen verfügen also über einen doppelten Chromosomensatz von 2 × 23 Chromosomen.

▶ VERNETZUNG Vererbung, S. 130

Die Phasen der Mitose (Kernteilung)

Prophase: Beginnt sich eine Zelle zu teilen, verdoppelt sich zuerst das Teilungskörperchen. Die neuen Teilungskörperchen wandern zu den Polen der Zellen und bilden eine sogenannte Kernteilungsspindel aus. Die Kernmembran löst sich auf. Die Chromatinfäden ziehen sich spiralig zu Chromosomen zusammen. Jedes Chromosom ist in zwei identische Hälften gespalten (*Chromatiden*), die nur noch vom Centromer zusammengehalten werden. Zwischen den Polen der Zelle bildet sich eine Kernteilungsspindel aus Eiweißfäden.
Metaphase: Die Chromosomen ordnen sich in der Zellmitte an. Die Spindelfasern heften sich an das Centromer der Chromosomen.

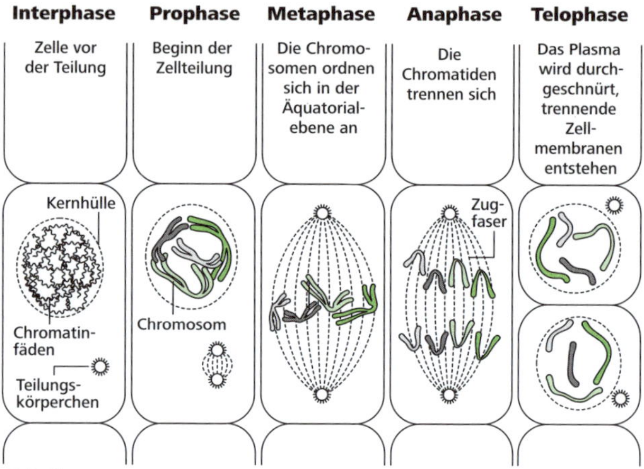

Zellzyklus

Anaphase: Die beiden Chromatiden jedes Chromosoms werden in entgegengesetzter Richtung zu den Zellpolen auseinandergezogen. Jeder Zellpol enthält nun einen vollständigen Chromatidensatz und verfügt somit über die gesamte Information, die die Mutterzelle enthielt.

Telophase: Der Spindelapparat löst sich auf. Die Chromatiden entspiralisieren sich wieder zu Chromatinfäden. Die Kernhülle bildet sich neu. Zwei Zellkerne sind entstanden. Der Kernteilung folgt nun eine Teilung der Zelle, neue Zellmembranen trennen die Tochterzellen voneinander. Bei Pflanzenzellen werden zusätzlich noch Zellmembranen gebildet.

Zellzyklus

In der Phase zwischen zwei Kernteilungen (Interphase) findet das Zellwachstum statt. Der Zellkern steuert nun als Arbeitskern das Stoffwechselgeschehen. Die Erbinformation wird wieder kopiert und verdoppelt (Replikation, ↗ S. 140). Während der Interphase sind die Chromosomen langgezogen und lichtmikroskopisch unsichtbar. Die Aufeinanderfolge einer Teilungsphase und einer Interphase nennt man *Zellzyklus*.

▶ **VERNETZUNG** Molekulargenetik, S. 140

▶ **ÜBERLEGE** Welche Bedeutung hat die Zellteilung für ein Lebewesen?
Warum sind im Verlauf der Zellteilung die Chromosomen einmal erkennbar und dann wieder nicht?

4.7 Differenzierung von Zellen

Für Vielzeller ist eine Arbeitsteilung der Zellen kennzeichnend. Die verschiedenen Zelltypen entstehen durch unterschiedliche Ausreifung oder Zelldifferenzierung (↗ Abb. S. 62).
Mit zunehmendem Organisationsgrad der Lebewesen nimmt die Zahl unterschiedlicher Zelltypen zu. Durch Spezialisierung der Zellen erhöht sich die Leistungsfähigkeit des Organismus. Diese Verschiedenartigkeit bei gleicher genetischer Ausstattung kommt dadurch zustande, dass bei den verschiedenen Zelltypen jeweils bestimmte Gene aktiv sind, die anderen passiv bleiben.

Zellen – Gewebe – Organe – Organismus

Gleichartige Zellen bilden Gewebe mit einheitlicher Funktion. Verschiedene Gewebe arbeiten in Organen zusammen. Im Organismus ist die Tätigkeit der einzelnen Organe aufeinander abgestimmt.
Beispiele für Gewebe bei Tier und Mensch sind

- Deckgewebe, die die Körperoberfläche begrenzen,
- Drüsengewebe, die z. B. Schweiß oder Schleim absondern,
- Bindegewebe, die verschiedene Gewebe umhüllen,
- Stützgewebe aus Knochen oder Knorpel,
- Blutgewebe,
- Muskelgewebe oder
- Nervengewebe.

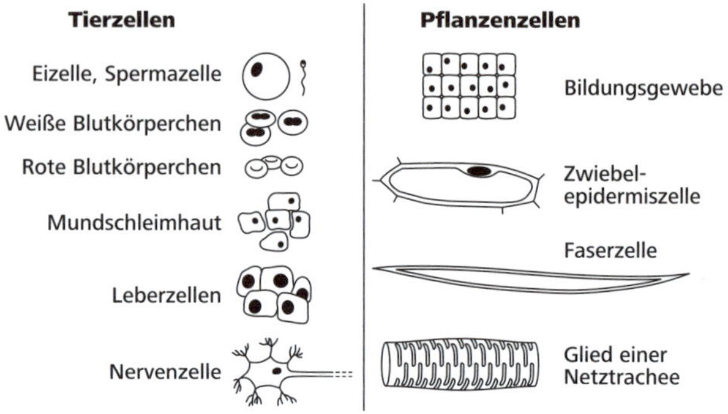

Zelldifferenzierung (Beispiele)

Bei Pflanzen unterscheidet man Bildungsgewebe und Dauergewebe. Bildungsgewebe besteht aus teilungsfähigen Zellen. Sie differenzieren sich in unterschiedliche Dauergewebe wie

- Deckgewebe mit Cuticula und Schließzellen,
- Fotosynthesegewebe,
- Speichergewebe oder
- Aufnahmegewebe für Wasser in der Wurzel.

Organe

Wurzel, Stängel, Blatt und Blüten sind Beispiele für pflanzliche Organe. Herz, Augen, Lunge, Leber, Gehirn und Muskeln sind Organe bei Tier und Mensch. Manche Organe dienen innerhalb eines Organsystems einer gemeinsamen Aufgabe. So arbeiten z. B. die Organe Magen, Dünndarm, Leber u. a. als Verdauungssystem (↗ S. 72) zusammen.

Organismus

Damit alle Teile des Organismus sinnvoll zusammenarbeiten, müssen Informationen ausgetauscht werden. Dies geschieht z. B. durch Nervensignale und Hormone.

▶ VERNETZUNG Nervenimpulse, S. 94; Hormone, S. 98

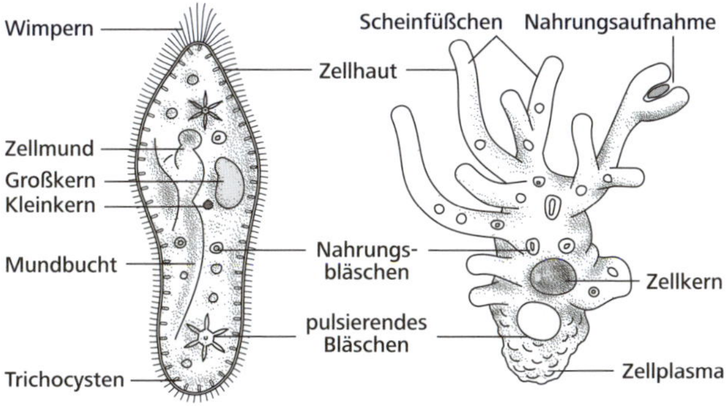

Pantoffeltier und Amöbe

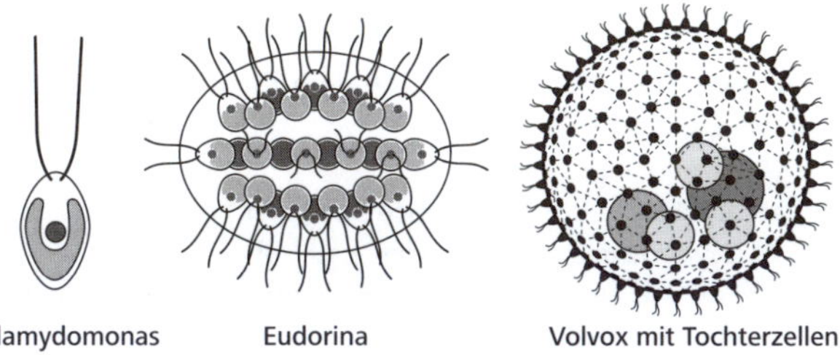

Einzeller, Zellkolonie, Vielzeller

4.8 Einzeller, Zellkolonie und Vielzeller

Einzeller

Bei Einzellern übernimmt eine einzige Zelle alle Funktionen des Lebens. Bei der Vermehrung teilt sich der Einzeller und geht in den beiden Tochterzellen auf. Einzeller sind daher potenziell unsterblich.

Pantoffeltier und Amöbe sind Beispiele für heterotrophe tierische Einzeller. Die Grünalge Chlamydomonas ist ein autotropher pflanzlicher Einzeller (↗ S. 56).

Zellkolonie

Bei der Grünalge Eudorina bildet ein Zellverband aus gleichartigen vermehrungsfähigen Zellen eine Zellkolonie. Die Zellen liegen in einer gemeinsamen Gallerthülle, sind aber allein noch lebensfähig.

Vielzeller

Bei der Grünalge Volvox sind Zellen über Plasmabrücken verbunden. Es lassen sich zwei Zelltypen unterscheiden:

- Körperzellen mit Geißel für Fotosynthese und Fortbewegung und
- Fortpflanzungszellen, die sich teilen können und im Innern der Mutterkugel zu neuen Volvoxkugeln heranwachsen.

Gemeinsame Leistung der Zellen bei der Fortbewegung und Arbeitsteilung kennzeichnen Volvox als echten Vielzeller. Die Vorteile der Vielzelligkeit sind mit dem Preis einer begrenzten Lebensdauer verbunden.

▶ **ÜBERLEGE** Worin unterscheidet sich Volvox vom Einzeller Chlamydomonas oder von der Amöbe?
Vergleiche Nahrungsaufnahme, Verdauung und Ausscheidung bei Hund und Amöbe?

4.9 Mikroorganismen

Zu den Mikroorganismen (Mikroben) gehören Hefepilze, Schimmelpilze und Bakterien. Gemeinsam ist ihnen, dass sie mikroskopisch klein sind. Mikroorganismen sind also keine Verwandtschaftsgruppe.

Hefepilze und Gärung

Hefepilze sind einzellig und können ohne Sauerstoff leben. Die Hefezelle gewinnt durch Vergären von Zucker (Glucose) die für sie lebensnotwendige Energie.

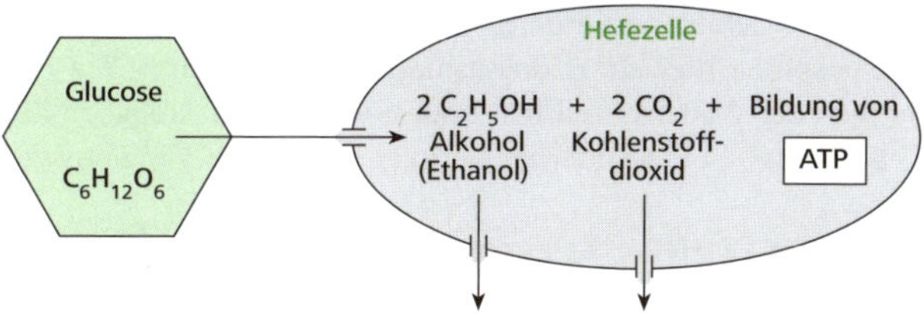

Schema: Alkoholische Gärung

Bei der *alkoholischen Gärung* wird Zucker ohne Sauerstoff unvollständig zu Alkohol und Kohlenstoffdioxid abgebaut:

$$\text{Zucker} \xrightarrow{\text{Hefepilze}} \text{Kohlenstoffdioxid} + \text{Alkohol} + \text{Energie}$$

Zur Herstellung alkoholischer Getränke und zum Backen verwendet man heute hierfür gezüchtete Hefen.

Schimmelpilze

Die mehrzelligen Schimmelpilze können Nahrungsmittel verderben. Ihre Abfallstoffe (Aflatoxine) sind krebserregend. Mit bestimmten Arten von Kulturschimmel werden Käsesorten hergestellt. Andere Arten wie der Pinselschimmel (Penicillium) bilden Heilmittel gegen krankheitserregende Bakterien (Antibiotika). Schimmelpilze spielen im Kreislauf der Stoffe als Zersetzer toter organischer Stoffe (Destruenten) eine wichtige Rolle.

▶ **VERNETZUNG** Ökologie, S. 163

▶ **ÜBERLEGE** Was unterscheidet Hefe- und Schimmelpilze von Pflanzen?
Welche Bedingungen brauchen Hefepilze zum Leben?

Bakterien (Prokaryoten)

Bakterien und Cyanobakterien (Blaualgen) fehlt ein membranumgrenzter Zellkern (Karyon). Ihre DNA liegt frei im Zellplasma. Diese Organismen werden daher als *Prokaryoten* bezeichnet, ihre kernlose Zelle bezeichnet man als *Procyte*. Den

Bakterien fehlen außerdem Chloroplasten, Mitochondrien, Dictyosomen und ein endoplasmatisches Retikulum. Einstülpungen der Bakterienzellmembran übernehmen Aufgaben der Zellatmung, Cyanobakterien besitzen Farbstoffe zur Fotosynthese.

▶ **VERNETZUNG** Zellorganellen, S. 55; Zellatmung, S. 57

Nach ihrer Form unterscheidet man bei Bakterien kugelförmige *Kokken*, stäbchenförmige *Bazillen*, kommaförmige *Vibrionen* und schraubenförmige *Spirillen*. Einige können sich z. B. mithilfe von Geißeln fortbewegen. Bakterien vermehren sich durch Teilung und bilden Dauerformen (Sporen), die lange Zeit überlebensfähig sind.

Fäulnisbakterien spielen als Zersetzer (Destruenten) im Kreislauf der Stoffe eine wichtige Rolle. Manche Bakterien verderben Nahrungsmittel (Beispiel: Fleischvergiftung), andere werden bei der Herstellung von Nahrungsmitteln eingesetzt (Beispiel: Joghurtherstellung durch Milchsäuregärung). Bestimmte Bakterien sind Erreger von Infektionskrankheiten, andere sind lebensnotwendige Symbionten (Beispiel: Darmbakterien).

Manche Bakterien gewinnen ihre lebensnotwendige Energie durch Abbau anorganischer Stoffe. Man spricht von *Chemosynthese* (Beispiel: Schwefelbakterien). Unterschieden werden *aerobe* Bakterien, die für ihren Stoffwechsel Sauerstoff benötigen, von *anaeroben*.

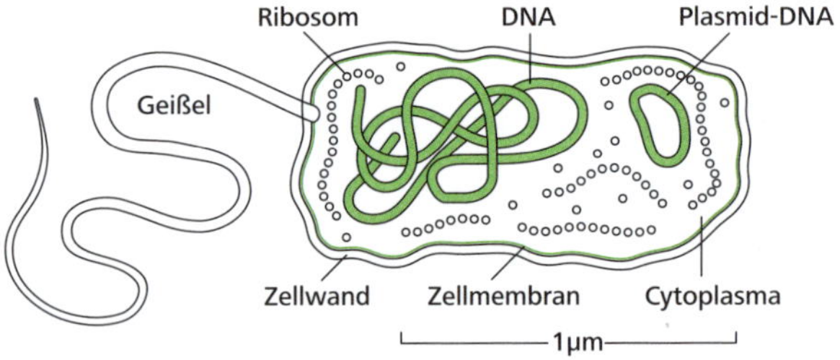

Bakterienzelle (Procyte)

Biotechnologie

Als Biotechnologie (Biotechnik) bezeichnet man die Herstellung oder Veränderung chemischer Verbindungen mithilfe lebender Organismen (insbesondere Bakterien und Pilze) unter industriellen Verfahrensweisen. Darunter fallen *traditionelle Techniken* wie die Herstellung und Konservierung von Nahrungs- und Genussmitteln (wie Brot, Sauerkraut, Bier, Wein und Zitronensäure), die Gewinnung von Arzneimitteln (wie Penicillin und Antikörper) oder die Erzeugung landwirtschaftlicher Produkte (wie Silagen oder nachwachsende Rohstoffe). Die *moderne Biotechnologie* nutzt gentechnische, molekularbiologische und zellbiologische Verfahrensweisen im Rahmen technischer Verfahren. Dabei werden vollständige Lebewesen oder Bestandteile von ihnen (wie Enzyme) verwendet.

▶ VERNETZUNG Angewandte Genetik, S. 147

4.10 Viren

Viren bestehen aus einem Nukleinsäurefaden (DNA oder RNA) und einer Proteinhülle. Sie sind nicht zu selbstständigem Leben fähig. Nur im Zellinnern von Wirtszellen können sie unter Ausnutzung des Wirtsstoffwechsels ihre Nukleinsäuren und Hüllproteine vermehren lassen. Viren sind keine Lebewesen, da sie nicht alle Kennzeichen des Lebens besitzen.

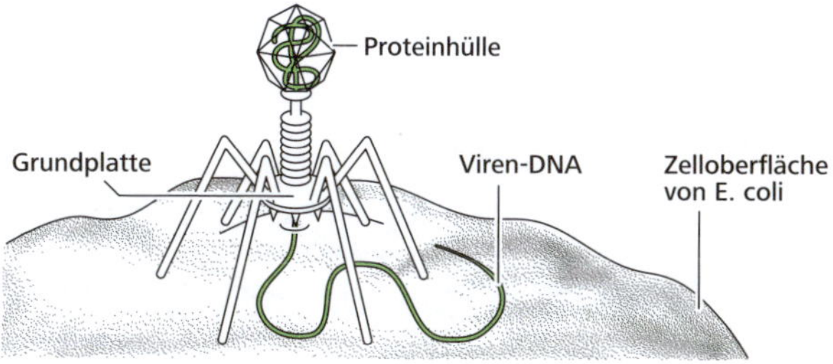

Virus (Bakteriophage)

Lerncheck

Kapitel „Zelluläre Organisation"	O. K. ✓	Das muss ich noch mal lesen
Ich kann den Aufbau einer typischen tierischen und pflanzlichen Zelle beschreiben und lichtmikroskopische Bilder dieser Zelltypen interpretieren.		S. 53–55
Ich kann die Bedeutung des Zellkerns und der Chromosomen erläutern.		S. 58–60
Ich kann die Bedeutung der wichtigsten Zellorganellen angeben.		S. 55
Ich kann den zellulären Stofftransport schildern und seine verschiedenen Mechanismen unterscheiden.		S. 56, 57
Ich kann den Ablauf der Zellteilung darstellen und die Bedeutung der Mitose erläutern.		S. 58–60
Ich kann das Wachstum der Lebewesen als Folge von fortgesetzten Teilungen beschreiben.		S. 58
Ich kann Zelldifferenzierung als Grundlage für die Gewebe- und Organbildung beschreiben.		S. 61, 62
Ich kann Einzeller, Zellkolonie und Vielzeller gegeneinander abgrenzen.		S. 63, 64
Ich kann den Bau und die Bedeutung verschiedener Mikroorganismen beschreiben.		S. 64–67
Ich kann den Unterschied zwischen Fotosynthese und Gärung zusammenfassen.		S. 50 und S. 64, 65
Ich kann die Sonderstellung der Viren begründen.		S. 67

Der Mensch

Der Körper des Menschen bewältigt ganz unterschiedliche Anforderungen. Dazu ist es nötig, dass ihm die notwenigen Stoffe zugeführt und diese zu den Organen weitergeleitet werden. Zur Verarbeitung von Reizen aus der Umwelt und zur Reaktion auf diese dient das Nerven- und Hormonsystem.

5.1 Ernährung

Nahrungsmittel enthalten Nährstoffe wie Kohlenhydrate, Fette und Proteine (Eiweiße) sowie Vitamine, Mineralstoffe, Ballaststoffe und Wasser. Die Umwandlung von Stoffen im Körper bezeichnet man als *Stoffwechsel.*

Bau- und Betriebsstoffwechsel

Die Stoffe in der Nahrung dienen als Bau- und Betriebsstoffe. **Baustoffe** dienen dem Körperwachstum und dem Ersatz verbrauchter Körperzellen. Die wichtigsten Baustoffe des Körpers sind Proteine (Eiweiße). **Betriebsstoffe** sind Energielieferanten. Beim Abbau der Betriebsstoffe wird Energie frei, die für die Körperfunktionen benötigt wird. Kohlenhydrate wie Traubenzucker und Stärke sind die wichtigsten Energielieferanten. Die meisten überschüssigen Betriebsstoffe werden in Fette umgewandelt und als Reservestoffe gespeichert.

Energieumsatz und Brennwert

Die Energie, die der Körper im Ruhezustand verbraucht, nennt man *Grundumsatz*, die bei körperlicher Tätigkeit zusätzlich verbrauchte Energie *Leistungs-* oder *Arbeitsumsatz.*

Der *Gesamtumsatz* besteht aus Grundumsatz plus Leistungsumsatz. Bei mittlerer körperlicher Leistung beträgt der Gesamtumsatz eines Erwachsenen rund 10 000 Kilojoule (kJ) pro Tag.
Der Energiegehalt der Nährstoffe wird durch den *Brennwert* angegeben. Dies ist die Energiemenge, die der Körper durch Verarbeitung eines Nährstoffes in der Zelle freisetzen kann.
Der Brennwert von Kohlenhydraten und Proteinen (Eiweißen) beträgt 17 kJ pro Gramm, der von Fett rund 40 kJ pro Gramm.

Nährstoffe

Kohlenhydrate stammen zum größten Teil aus pflanzlicher Kost. Je nach Aufbau unterscheidet man *Einfachzucker* wie Traubenzucker und Fruchtzucker, *Zweifachzucker* wie Milchzucker und Rohrzucker sowie *Vielfachzucker* wie Stärke, Cellulose und tierisches Glykogen.
Kohlenhydrate sind sowohl Betriebsstoffe als auch Baustoffe.
▶ VERNETZUNG Fotosynthese, S. 50
Proteine (Eiweiße) sind aus *Aminosäuren* aufgebaut. Im Körper gibt es 20 verschiedene Aminosäuren. Acht davon kann der Körper nicht selbst aufbauen. Diese *essenziellen Aminosäuren* müssen mit der Nahrung aufgenommen werden. *Tierische Proteine* liefern Fleisch, Fisch, Milch, Eier und Käse. *Pflanzliche Proteine* enthalten insbesondere Hülsenfrüchte und Nüsse.
Proteine dienen vorwiegend als Baustoffe.
Fette sind aus *Glycerin* und *Fettsäuren* aufgebaut. Einige Fettsäuren kann der Körper nicht selbst aus anderen Nahrungsbestandteilen aufbauen. Diese *essenziellen Fettsäuren* müssen mit der Nahrung aufgenommen werden.
Fette dienen vorwiegend als Energielieferanten und zur Energiespeicherung (Betriebsstoffe).

Vitamine, Mineralstoffe und Ballaststoffe

Vitamine sind lebensnotwendige organische Stoffe, die mit der Nahrung aufgenommen werden müssen. Sie sorgen für einen geregelten Ablauf der Stoffwechselreaktionen. Man kennt über

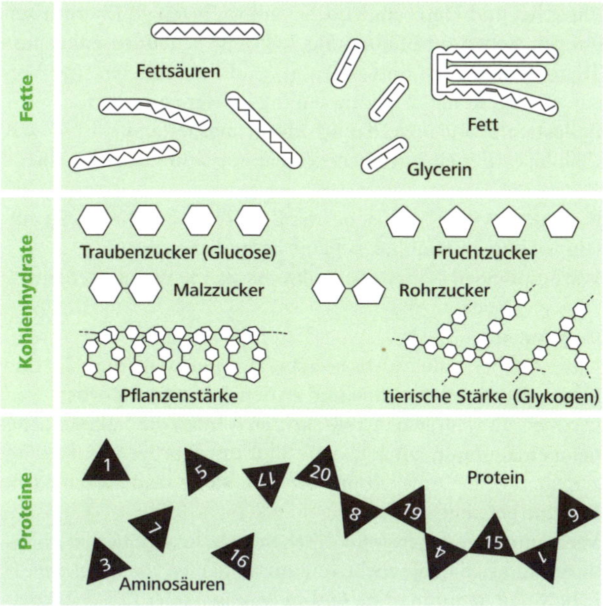

Nährstoffe

20 verschiedene Vitamine. Sie sind in kleinen Mengen wirksam und verhindern Mangelkrankheiten. So führt starker Mangel an Vitamin C zu Zahnfleischbluten und Skorbut, Mangel an Vitamin A zu Nachtblindheit, Mangel an Vitamin D zu Knochenverkrümmung (Rachitis).

Mineralstoffe sind lebensnotwendige anorganische Substanzen wie Natrium-, Kalium-, Calcium-, Magnesium-, Chlorid- und Phosphatverbindungen. Einige, wie z. B. Eisen- und Jodverbindungen, braucht der Mensch nur in winzigen Spuren. Man spricht von *Spurenelementen.*

Die verschiedenen Mineralstoffe und Spurenelemente sind für unterschiedliche Körperfunktionen wichtig. So sind Calcium,

Phosphat und Fluor am Knochenaufbau beteiligt, Eisenverbindungen dienen zur Blutbildung, Jod ist im Schilddrüsenhormon Thyroxin enthalten und Natrium- und Kaliumionen sind Voraussetzung für die Erregungsleitung im Nervensystem.
Ballaststoffe sind unverdauliche Nahrungsbestandteile (wie z. B. Cellulose). Für eine geregelte Verdauung sind sie unerlässlich.

▶ **ÜBERLEGE** Was ist bei der Bewertung von Nahrungsmitteln wichtig im Hinblick auf eine gesunde Ernährung?
Warum müssen Nährstoffe in ihre Bausteine zerlegt werden?

Verdauung

Unser Körper kann Nahrung erst verwerten, wenn die Nährstoffe vom Blut aufgenommen und zu den Zellen transportiert worden sind. In zahlreichen Teilschritten werden die Nährstoffe bei der Verdauung in winzige, vom Blut transportierbare Teilchen zerlegt. An der Aufspaltung der Nährstoffe sind verschiedene Enzyme beteiligt.
Verdauungsenzyme: Stoffe, die chemische Reaktionen beschleunigen und sich dabei nicht verändern, heißen *Katalysatoren*. In Lebewesen nennt man sie *Biokatalysatoren* oder *Enzyme*. Enzyme sind Proteine (Eiweiße). Sie beschleunigen den Abbau von Nährstoffen. Dazu binden sie vorübergehend den Nährstoff an sich, bis er in kleinere Bausteine zerlegt ist. Nach der Zerlegung liegt das Enzym wieder unverändert vor und kann ein weiteres Molekül dieses Nährstoffes zerlegen. Dabei passt aber jeweils nur ein ganz bestimmtes Enzym zu einem bestimmten Nährstoff (Schlüssel-Schloss-Modell). Enzyme sind *spezifisch*. Für die verschiedenen Nährstoffe sind jeweils unterschiedliche Verdauungsenzyme zuständig. Enzyme brauchen für ihre Wirksamkeit das passende saure, alkalische oder neutrale Milieu.
Verdauungsorgane: Im **Mund** wird die Nahrung gekaut, zerkleinert und geprüft. Die Speicheldrüsen sondern Speichel mit dem Enzym Amylase ab, das für die Vorverdauung der Kohlenhydrate sorgt.

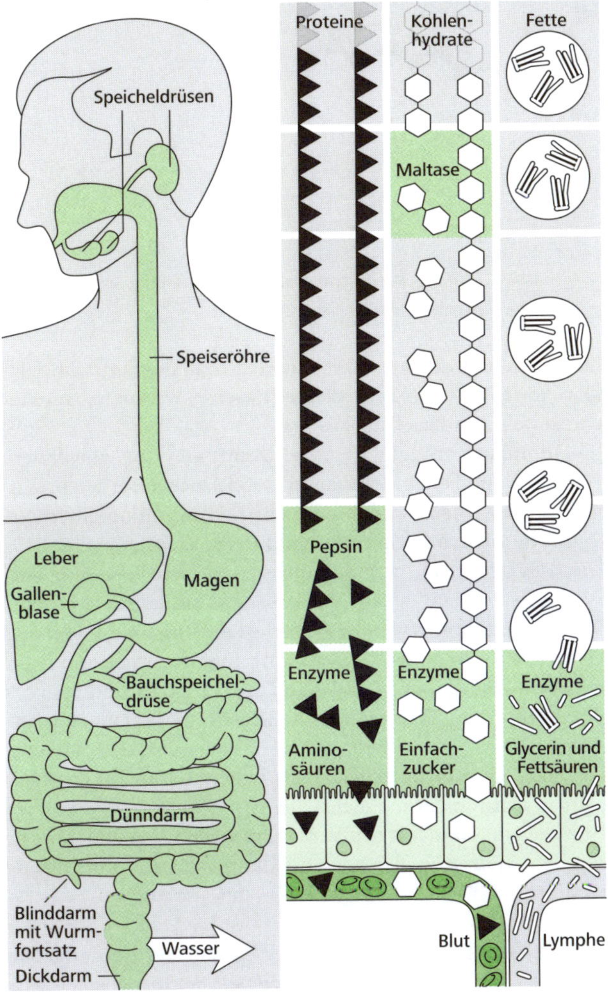

Verdauungsorgane und Verdauungsvorgänge

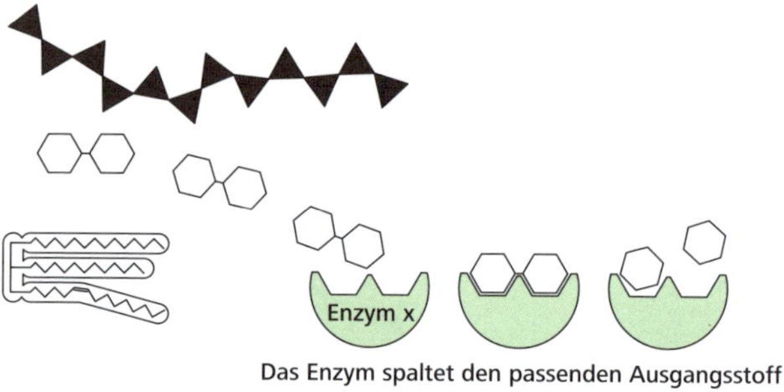

Enzymwirkung (Schlüssel-Schloss-Modell)

Im **Magen** wird der Speisebrei mit Magensaft durchmischt. Salzsäure tötet Bakterien ab. Proteine (Eiweiße) werden vorverdaut und zerfallen in Bruchstücke.
Im **Dünndarm** erfolgt die Endverdauung von Kohlenhydraten, Proteinen und Fetten. Stärke und Doppelzucker werden in Einfachzucker, Proteine und ihre Bruchstücke in Aminosäuren zerlegt. Fette werden in Glycerin und Fettsäuren aufgespalten.
Die *Bauchspeicheldrüse* gibt Bauchspeichel mit Verdauungsenzymen in den Dünndarm ab. Außerdem bildet sie Hormone.
Vom Dünndarm aus werden die zerlegten Nährstoffe in Blut und Lymphe aufgenommen (Resorption). Einfachzucker und Aminosäuren gelangen durch die Wand der Dünndarmzotten in das Blutgefäßsystem, Fettsäuren und Glycerin in das Lymphgefäßsystem.
Die Hauptaufgabe des **Dickdarms** besteht darin, dem verbleibenden Darminhalt möglichst viel von dem Wasser wieder zu entziehen, das ihm mit den Verdauungssäften zugeführt wurde. Mit dem Wasser werden auch die darin gelösten Mineralstoffe rückresorbiert.

▶ **ÜBERLEGE** Wie verläuft der Weg der Nahrung durch den Körper? – Welches sind die Aufgaben der verschiedenen Organe bei der Verdauung? – Wie ist die Wirkungsweise von Enzymen?

Leber

Die *Leber* hat vielfältige Aufgaben. Neben der Entgiftung des Blutes, dem Abbau von Proteinen und Fettsäuren, der Speicherung von Kohlenhydraten und dem Abbau Roter Blutkörperchen bildet sie *Gallensaft*. Dieser wird in der *Gallenblase* gespeichert und an den Dünndarm abgegeben. Gallensaft verteilt Fett in kleinste Tröpfchen und fördert so die Fettverdauung.

Zellatmung

Beim Abbau der Nährstoffe wird die in ihnen gespeicherte Energie schrittweise freigesetzt. Diese Energiefreisetzung erfolgt in den Mitochondrien der Zellen (↗ Abb. S. 54). Den Vorgang selbst bezeichnet man als *Zellatmung* oder auch als innere Atmung im Gegensatz zur äußeren Atmung, dem Gasaustausch in der Lunge (↗ S. 83). Bei der schrittweisen Zerlegung von Traubenzucker (Glucose) unter Beteiligung von Sauerstoff entsteht außer Energie auch Kohlenstoffdioxid und Wasser.

Dieser Vorgang der Zellatmung lässt sich in drei Abschnitte gliedern:

Glykolyse: Sie läuft im Zellplasma ab. Dabei wird das Glucosemolekül in mehreren Schritten bis zur Brenztraubensäure zerlegt.

Citronensäurezyklus: Der weitere Abbau der Brenztraubensäure bis zum Kohlenstoffdioxid findet in den Mitochondrien statt.

Atmungskette (Endoxidation): Unter Verwendung von Sauerstoff entsteht schließlich Wasser. Dabei wird der Energieträger ATP gebildet und Energie der Glucose somit für energieverbrauchende Körpervorgänge wie Bewegung, Wachstum oder Stoffwechsel verfügbar gemacht.

Der *Gesamtprozess des Glucoseabbaus* entspricht folgender Summengleichung:

$C_6H_{12}O_6 + 6\,O_2$	$\xrightarrow{\text{Enzyme}}$	$6\,CO_2$	+	$6\,H_2O$	freigesetzte Energie:
Glucose + Sauerstoff	⟶	Kohlenstoffdioxid	+	Wasser	2800 kJ pro Mol Glucose

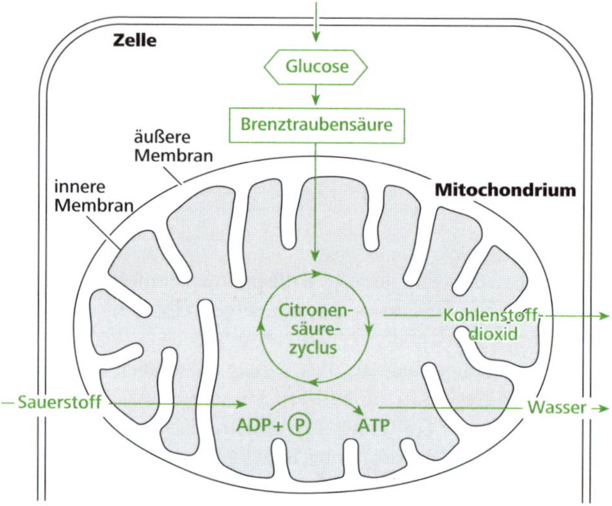

Abbau von Glucose bei der Zellatmung

Auch der Stoffwechsel der Fette und Proteine mündet in den Abbauweg der Glucose als gemeinsame Endstrecke.

Energieumwandlung: Im menschlichen Körper sind folgende Energieformen von Bedeutung: mechanische Energie, Wärmeenergie, chemische Energie und elektrische Energie.

Energieüberträger: Bei jeder chemischen Reaktion wird Energie umgesetzt.

- *Exergonische Reaktionen* liefern immer aus dem Nährstoffabbau stammende „freie“ Energie, die in andere Energieformen überführt werden kann.
- *Endergonische Reaktionen,* bei denen Energie verbraucht wird, sind durch Kopplung mit exergonischen Prozessen möglich.

ADP-ATP-System: Adenosin*tri*phosphat (ATP) besteht aus der Base Adenin, dem Zucker Ribose und drei Phosphatgruppen. Wird die dritte, endständige Phosphatgruppe abgespalten, wird

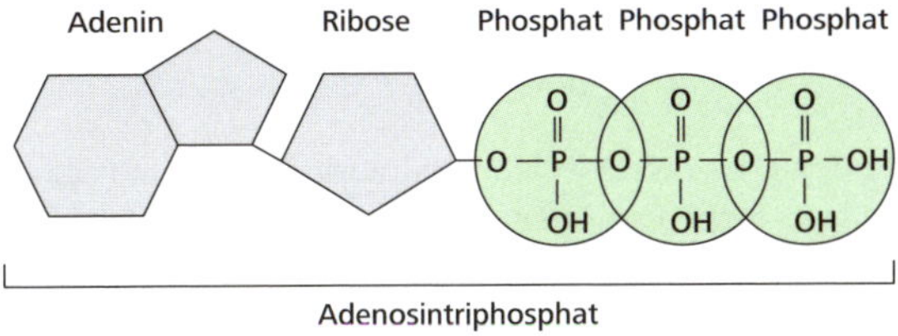

ADP-ATP-System (energiereiche Bindungen werden mit ~ als Bindungsstrich gekennzeichnet)

5

Energie frei. Dabei bildet sich Adenosin*di*phosphat (ADP). Die frei werdende Energie wird in der Zelle für energieverbrauchende (endergonische) Prozesse genutzt. Unter Energiezufuhr ist die Reaktion umkehrbar: Aus ADP und Phosphat entsteht energiereiches ATP.

ATP spielt auch eine wichtige Rolle beim Auf- und Abbau von Nährstoffen, denn es kann den Phosphatrest auch auf andere Moleküle übertragen. Der Energiegehalt der dabei neu entstehenden Verbindungen erhöht sich dadurch.

Durch den Aufbau von ATP aus ADP und Phosphat – unabhängig von dessen Weiterverwendung – kann Energie in der Zelle in leicht abrufbarer Weise gespeichert werden. ATP ist demnach sowohl ein Energieüberträger als auch ein Energiespeicher und wird deshalb auch als „universelle Energiewährung“ der Zelle bezeichnet.

▶ **ÜBERLEGE** Wie hängen im Körper Nährstoffabbau, Energiegewinn und Energieumwandlung zusammen?
Woher stammen die Stoffe, die zur Zellatmung nötig sind?
Welchen Weg nimmt das frei werdende Kohlenstoffdioxid?

5.2 Blutkreislauf

Das Herz

Herzaufbau: Das Herz ist ein Hohlmuskel und pumpt das Blut durch den Körper. Es besteht aus zwei *Vorhöfen* sowie zwei *Herzkammern* und wird durch die Herzscheidewand in eine linke und eine rechte Herzseite geteilt. Ein System von Ventilen (Herzklappen) regelt die Richtung der Blutströmung im Herzen. Zwischen den Vorhöfen und Herzkammern befinden sich die *Segelklappen*. Am Übergang von Herzkammern zu Lungen- und Körperarterie liegen dreiteilige *Taschenklappen*.
Herztätigkeit: Das Herz arbeitet als *Saug-Druck-Pumpe* in zwei Arbeitstakten:
1. Füllungsphase und Anspannungsphase: Vorhöfe und Herzkammern erschlaffen, aus den großen Venen fließt Blut ein. Kurz danach ziehen sich die Vorhöfe zusammen und pressen das ganze Blut aus den Vorhöfen in die Herzkammern.
2. Austreibungsphase: Beide Kammern ziehen sich nun zusammen und pumpen das Blut in die großen Blutgefäße (Arterien). Bevor sich die Vorhöfe erneut füllen, legt das Herz eine kurze Ruhepause ein.
Die Phase des Erschlaffens der Herzkammern (Ansaugen des Blutes) bezeichnet man als *Diastole*, die Phase des Zusammenziehens der Herzmuskulatur (Blut wird in die Arterien gedrückt) als *Systole*.

Körperkreislauf und Lungenkreislauf

Alle Blutgefäße des Körpers sind miteinander verbunden und bilden ein in sich geschlossenes Blutgefäßsystem. Das Blut durchströmt den Körper in einem *doppelten Kreislauf*. Der *Körperkreislauf* wird von der linken Herzhälfte angetrieben, der *Lungenkreislauf* von der rechten.
Alle Blutgefäße, die vom Herzen wegführen, bezeichnet man als *Arterien*, alle Blutgefäße, die zum Herzen hinführen, als *Venen*. Die Gefäßwände der Arterien sind dick und enthalten Muskel-

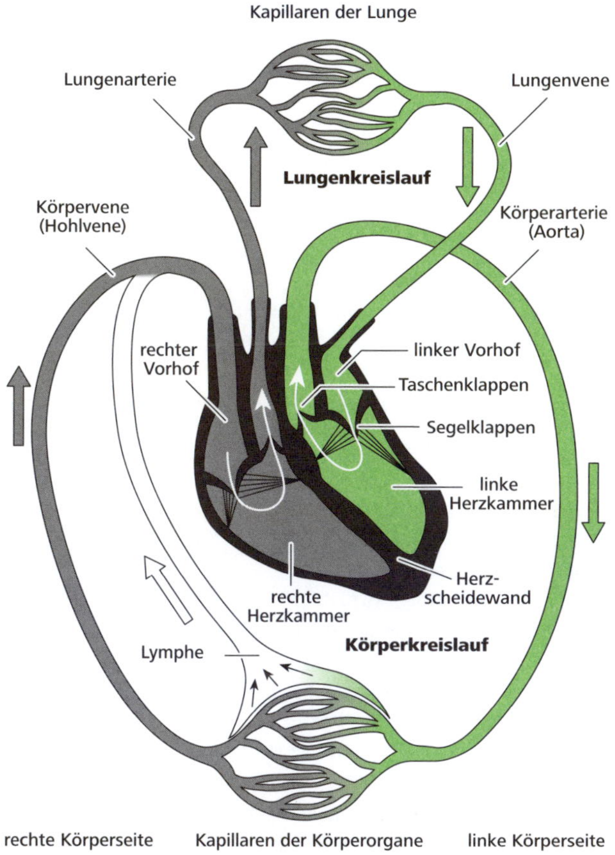

Lungen- und Körperkreislauf

fasern, die die Gefäße erweitern und verengen und so die durchfließende Blutmenge und den Blutdruck regulieren. Venen sind dünnwandiger, Taschenklappen in den Venen verhindern das Zurückfließen des Blutes.

Die Blutgefäße verzweigen sich im Körper immer mehr und bilden schließlich ein Netz feinster *Blutkapillaren*. In diesen Kapillaren werden Nährstoffe und Sauerstoff an das Gewebe abgegeben, Abfallstoffe und Kohlenstoffdioxid werden aufgenommen.

▶ **ÜBERLEGE** Wie verläuft der Weg des Blutes durch den Körper?
Was drückt die Bezeichnung *doppelter Blutkreislauf* aus?

Lymphgefäßsystem

Das zweite Gefäßsystem des Körpers, das *Lymphgefäßsystem*, dient der Aufnahme und Ableitung der Zwischenzellflüssigkeit (Lymphe) und ist außerdem an den Abwehrfunktionen des Körpers beteiligt. In den Lymphknoten werden Krankheitserreger aus der Lymphe herausgefiltert. Im großen Brustlymphgang, der in die linke Schlüsselbeinvene mündet, wird die Lymphe dem Blutkreislauf wieder zugeführt.
▶ **VERNETZUNG** Körperabwehr und Immunsystem, S. 109

Blut

Das Blut hat vielfältige **Aufgaben:**

- Transport der Atemgase (↗ S. 83) Sauerstoff und Kohlenstoffdioxid
- Transport von Nährstoffen (↗ S. 70) und Stoffwechselendprodukten (Abfallstoffe)
- Transport von Wirkstoffen wie Hormonen (↗ S. 98) und Vitaminen (↗ S. 70)
- Transport von Wärme zur Regelung der Körpertemperatur
- Abwehr von Krankheitserregern (↗ S. 109) und Fremdkörpern
- Schutz vor Blutverlust durch Blutgerinnung

Zusammensetzung des Blutes: Blut besteht aus Blutflüssigkeit (Blutplasma) und Blutzellen.
Blutplasma besteht zu 90 % aus Wasser. Die restlichen 10 % bilden verschiedene Proteine, Fette, Traubenzucker, Mineralsalze,

Vitamine, Hormone, Abwehrstoffe gegen Krankheiten und Abfallprodukte des Stoffwechsels. Außerdem befinden sich Gerinnungsstoffe im Blutplasma. Blutplasma ohne Gerinnungsstoffe wird als *Blutserum* bezeichnet.
Blutzellen sind die roten Blutkörperchen (Erythrocyten), die weißen Blutkörperchen (Leukocyten) und die Blutplättchen (Thrombocyten). Die Blutzellen werden im roten Knochenmark gebildet.

- *Rote Blutkörperchen* transportieren Sauerstoff (O_2) und Kohlenstoffdioxid (CO_2) durch den Körper. Sie enthalten den Blutfarbstoff Hämoglobin. Dieser kann Sauerstoff und Kohlenstoffdioxid an sich binden. Rote Blutkörperchen haben keinen Zellkern.
- *Weiße Blutkörperchen* bilden das Abwehrsystem des Körpers gegen Krankheitserreger und Fremdkörper (↗ S. 109). Sie sind farblose Zellen mit Zellkern, aber ohne feste Gestalt, und können sich wie Amöben fortbewegen und die Blutgefäße verlassen.
- *Blutplättchen* sind kleine Zellbruchstücke. Sie sorgen für den Verschluss von Wunden (Wundschorf) und setzen den Gerinnungsstoff Prothrombin frei. An der Blutgerinnung sind eine Reihe weiterer Stoffe beteiligt.

Folgende Vorgänge finden bei der **Blutgerinnung** statt:

- Mit dem Blut austretende Blutplättchen kleben an den Wundrändern fest.
- Blutplättchen setzen den Gerinnungsstoff Prothrombin frei.
- Über Zwischenstufen wird daraus das Enzym Thrombin.
- Thrombin lässt im Blutplasma gelöstes Fibrinogen zu Fibrin gerinnen.
- Fibrinfäden bilden ein engmaschiges Netz.
- Rote Blutkörperchen verstopfen das Netz und schließen die Wunde.
- Die Blutung stoppt, ein Wundschorf ist entstanden.

▶ **VERNETZUNG** Vererbung/Bluterkrankheit, S. 139

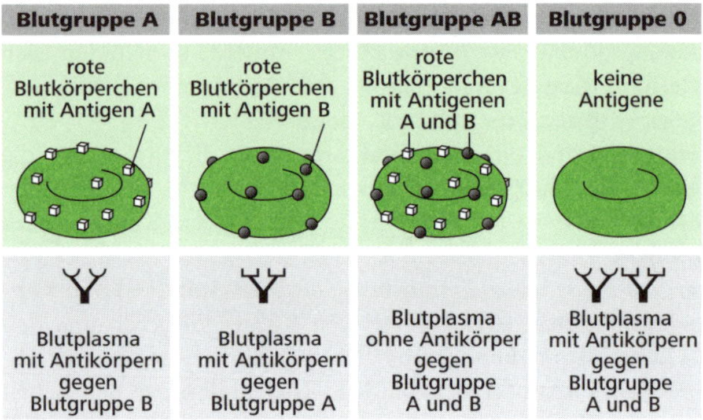

Blutgruppen und ihre Merkmale

Blutgruppen: Blutgruppenmerkmale beruhen auf zwei Gruppen von Molekülen: Auf der Oberfläche der roten Blutkörperchen befinden sich bestimmte Proteine, sogenannte *Antigene.* Im Blutplasma befinden sich bestimmte Proteine, sogenannte *Antikörper.* Nach dem Vorhandensein bestimmter Antigene auf den roten Blutkörperchen unterscheidet man die Blutgruppen A, B, AB und 0. Mischt man Blut verschiedener Blutgruppen, kommt es zu einer Zusammenballung der roten Blutkörperchen *(Antigen-Antikörper-Reaktion).*

Rhesusfaktor: Bei vielen Menschen befindet sich auf den roten Blutkörperchen noch ein weiteres Molekül, das Antigen D *(Rhesusfaktor).* Menschen mit Antigen D sind rhesuspositiv (rh^+). Fehlt der Rhesusfaktor, ist das Blut rhesusnegativ (rh^-). Menschen ohne Rhesusfaktor besitzen zunächst keine Antikörper gegen das Antigen D, bilden diese aber nach Übertragung von rhesuspositivem Blut.

▶ **VERNETZUNG** Vererbung, S. 136

▶ **ÜBERLEGE** Wie ist das Blut zusammengesetzt und welches sind seine Aufgaben?

5.3 Atmung

Atemorgane: Bei der Atmung wird die Luft durch Nase und Mund aufgenommen. Durch den Kehlkopf und die Luftröhre strömt sie in die Lunge (↗ Abb. S. 84).
Die *Nase* erwärmt, befeuchtet, reinigt und prüft die Luft.
Der *Kehlkopf* ist ein Stimmorgan. Der Kehldeckel verschließt beim Schlucken die Luftröhre.
Die *Luftröhre* verzweigt sich zu den Bronchien und weiter zu feinsten Bronchiolen. An den Enden sitzen unzählige Lungenbläschen.
Zwei *Lungenflügel* füllen fast den ganzen Brustraum aus.
Atembewegungen: Beim *Einatmen* vergrößern Rippenmuskulatur und Zwerchfell das Volumen des Brustkorbes. Dadurch wird Luft in die Lungen eingesogen.
Beim *Ausatmen* erschlafft die Atemmuskulatur. Das Lungenvolumen wird dadurch verringert, die Luft ausgepresst.
Zwerchfellatmung (Bauchatmung) und Rippenatmung (Brustatmung) wirken zusammen.
Gasaustausch: Zwischen Lungenbläschen und Lungenkapillaren findet der *Gasaustausch* statt.
Sauerstoff diffundiert aus den Lungenbläschen ins Blut. Das Blut transportiert den Sauerstoff zu den Körperzellen.
Kohlenstoffdioxid wird von den Körperzellen an das Blut abgegeben. Es tritt von den Lungenkapillaren in die Lungenbläschen über und wird ausgeatmet.
Dieser äußeren Atmung steht in den Zellen die Zellatmung gegenüber, bei der die Zellen von Tier, Mensch und Pflanze Sauerstoff für den Abbau energiereicher Stoffe wie Glucose benötigen. Dabei entsteht Kohlenstoffdioxid als Abfallprodukt (↗ S. 75).

▶ **ÜBERLEGE** Wie findet der Gasaustausch und der Transport der Atemgase statt?
Bei körperlicher Arbeit steigt der Sauerstoffbedarf und der Körper erhitzt sich. Warum?

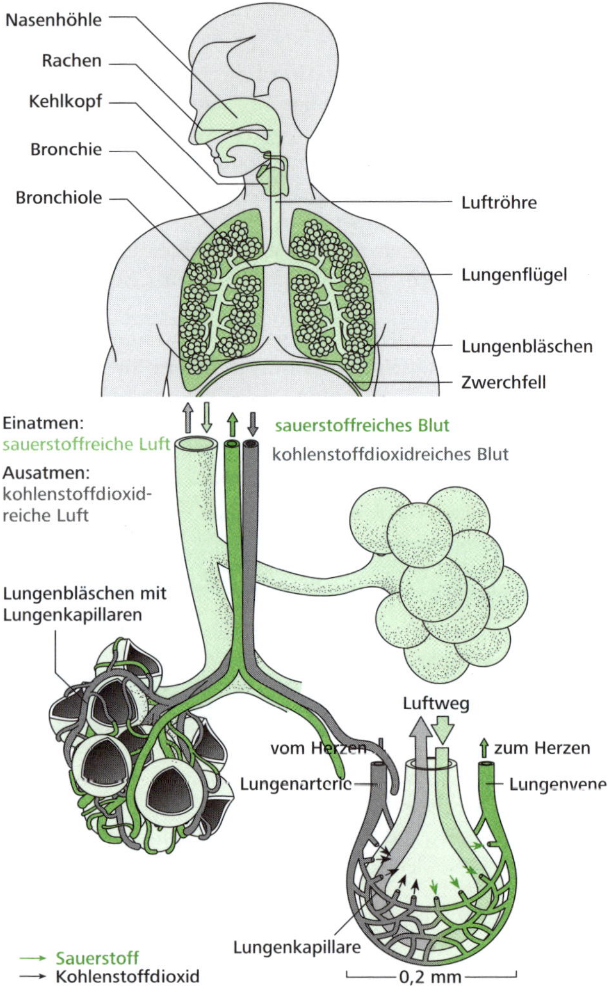

Atemorgan und Gasaustausch

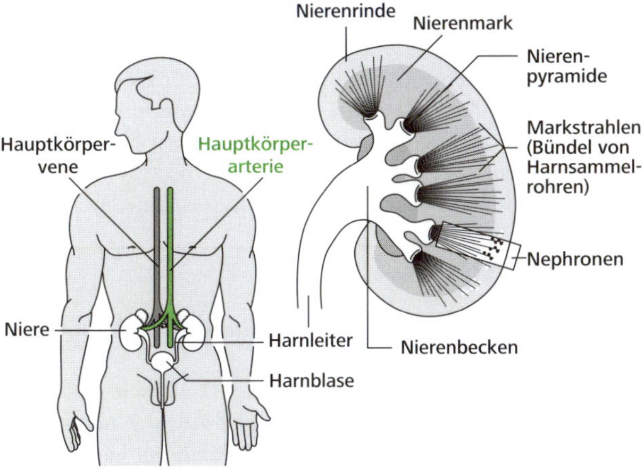

Bau und Lage der Nieren

5.4 Ausscheidung

Abfallstoffe, die von der Leber und anderen Organen ins Blut gelangen, werden über die beiden Nieren ausgeschieden.
Das Nierengewebe besteht aus *Nierenrinde* und *Nierenmark*. In der Mitte liegt das *Nierenbecken*, das über den *Harnleiter* mit der *Harnblase* verbunden ist.
Nierenkörperchen in der Nierenrinde filtern Primärharn aus dem Blut. Aus diesem werden Wasser und zu verwertende Stoffe (Glucose, Kochsalz) zurückgewonnen. Täglich entstehen so etwa 1,5 l konzentrierter *Endharn*. Vom Nierenbecken gelangt dieser über den Harnleiter in die Harnblase und wird als *Urin* ausgeschieden.
Die Ausscheidung nicht verwertbarer Stoffwechselendprodukte erfolgt auch über die Lunge und die Schweißdrüsen der Haut.
Ohne Ausscheidung würde das Stoffwechselgleichgewicht im Körper lebensbedrohlich gefährdet. Bei Nierenversagen sammelt sich überall im Körper Wasser an, die Harnstoffkonzentration steigt unaufhörlich, das Blut wird übersäuert.

5.5 Informationsverarbeitung

Reizaufnahme, -verarbeitung und -beantwortung sind wesentliche Merkmale aller Lebewesen. Die *Sinnesorgane* des Menschen nehmen Reize aus der Umwelt auf. *Nerven* leiten die Informationen zum *Gehirn*. An der Auswertung und Weiterverarbeitung der Informationen ist auch das *Hormonsystem* beteiligt.

Sinnesorgane / Sinne

Sehen

Der Sehsinn führt dem Gehirn rund zehnmal mehr Information zu als alle anderen Sinne zusammen.

Aufbau des Auges: Die *harte Augenhaut (Lederhaut)* gibt dem Auge eine feste Hülle. Hier setzen Muskeln zur Augenbewegung an. Im vorderen Teil ist die Augenhaut durchsichtig und heißt hier *Hornhaut*. In ihrem Randbereich liegt die dünne *Bindehaut*. Von vorn erkennt man die farbige *Regenbogenhaut (Iris)*. In der Mitte der Iris befindet sich eine Öffnung, die *Pupille*.

Im Innern befinden sich *Linse* und *Glaskörper*. Der Raum

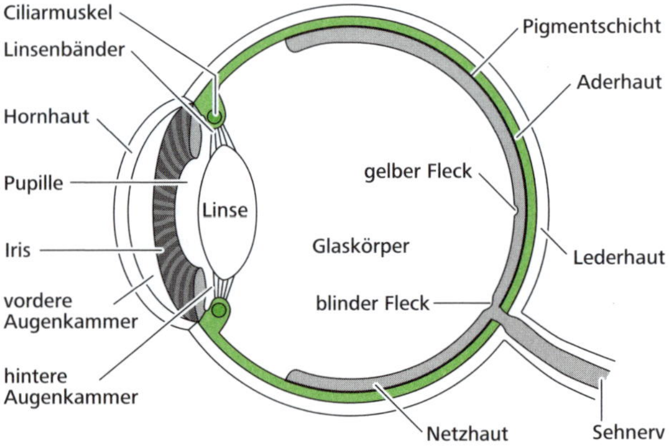

Bau des menschlichen Auges

zwischen Linse und Hornhaut ist mit *Kammerwasser* gefüllt. Durch die Pupille gelangen Lichtstrahlen ins Augeninnere zu den lichtempfindlichen Sehzellen in der *Netzhaut* (Stäbchen und Zapfen, ↗ S. 89). Gegenüber der Pupille liegt der *gelbe Fleck*. Dies ist die Stelle des schärfsten Sehens, da dort die meisten Sehsinneszellen liegen. Wo der *Sehnerv* das Auge verlässt, gibt es keine Sehsinneszellen *(blinder Fleck)*. Der Sehnerv leitet die entstandenen Nervensignale zum Gehirn.

Schutzeinrichtungen des Auges: Neben der knöchernen Augenhöhle schützen *Augenbrauen*, *Augenlider* und *Wimpern* das Auge. Die Tränendrüsen bilden eine Flüssigkeit, mit der das Auge befeuchtet und Fremdkörper ausgeschwemmt werden.

Sehvorgänge im Auge: Lichtstrahlen, die von einem beleuchteten Gegenstand auf das Auge fallen, erreichen über die Hornhaut, die Linse und den Glaskörper die Netzhaut.

Zunächst werden die Lichtstrahlen von der Hornhaut und anschließend von der Linse gebrochen. Auf der Netzhaut wird ein Gegenstand dann verkleinert und umgekehrt abgebildet. Das Gehirn korrigiert diesen Seheindruck.

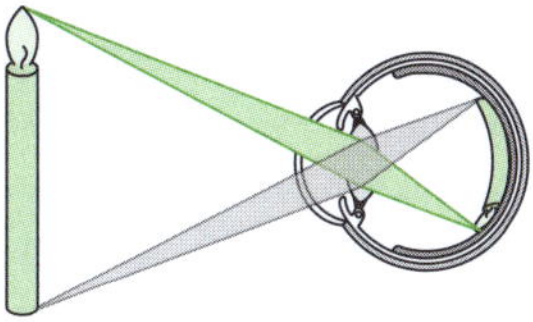

Lichtbrechung
Der Einfachheit halber sind die Lichtstrahlen nur einmal gebrochen dargestellt – tatsächlich werden sie mehrmals gebrochen.

Scharfeinstellung (Akkomodation): Die Augenlinse ist elastisch. Durch Änderung der Linsenkrümmung passt sich das Auge an die Entfernung des betrachteten Gegenstandes an. Je gewölbter sie ist, desto stärker bricht sie das Licht. Dann können nahe gelegene Gegenstände scharf auf der Netzhaut abgebildet werden (Naheinstellung). Je flacher die Linse ist, desto weniger bricht sie das Licht. Weiter entfernte Gegenstände werden jetzt scharf abgebildet (Ferneinstellung). An der Scharfeinstellung ist der *Ciliarmuskel* mit den *Linsenbändern* beteiligt.

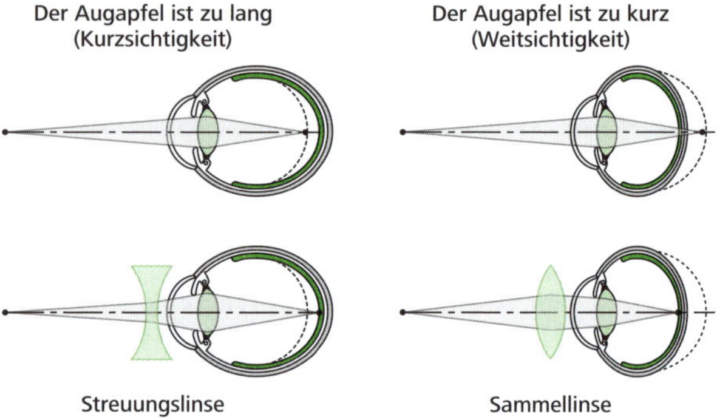

Kurz- und Weitsichtigkeit

Fehlsichtigkeit – *Kurzsichtigkeit:* Der Augapfel ist zu lang, auf der Netzhaut entsteht ein unscharfes Bild von entfernten Gegenständen. Zur Korrektur hilft eine Brille mit Zerstreuungslinsen.
Weitsichtigkeit: Der Augapfel ist zu kurz, auf der Netzhaut werden nahe Gegenstände unscharf abgebildet. Zur Korrektur hilft eine Brille mit Sammellinsen.
Kurz- und Weitsichtigkeit sind angeborene Fehler der Augapfelform.
Altersweitsichtigkeit ist eine Alterserscheinung. Die Linse verliert an Elastizität und bleibt flach. Auf der Netzhaut erscheinen nahe Gegenstände unscharf. Sammellinsen können korrigieren.
Pupillenreaktion (Adaptation): Bei starkem Lichteinfall wird die Pupille verengt, bei schwachem Licht wird sie erweitert. Der Vorgang läuft unwillkürlich ab *(Pupillenreflex)*. Diese Anpassung der Pupille *(Adaptation)* wird durch die Muskeln der Iris bewirkt. Je kleiner die Pupille, desto größer ist der Bereich des scharfen Sehens, die *Schärfentiefe*.
Aufbau und Funktion der Netzhaut: Vor den lichtundurchlässigen Zellen der *Pigmentschicht* liegt die *Netzhaut*. In ihr befinden sich Millionen von lichtempfindlichen Sehsinneszellen: die längeren schlanken Stäbchen und die kürzeren dicken Zapfen.

- Die *Stäbchen* sind für das *Helldunkelsehen* und das Dämmerungssehen zuständig. Sie sprechen schon auf schwaches Licht an.
- Die *Zapfen* brauchen helleres Licht. Sie dienen dem *Farbensehen.*

Die Sehsinneszellen enthalten den lichtempfindlichen Farbstoff *Sehpurpur (Rhodopsin).* Unter Lichteinfall zerfällt er und baut sich anschließend wieder auf. Stoffe, die beim Zerfallen des Sehpurpurs entstehen, bewirken, dass die Sehzelle elektrische Signale (Erregung) abgibt. *Schaltzellen*, die an die Sehsinneszellen anschließen, nehmen die Signale erst einmal auf und verrechnen die Information. Diese werden wiederum als elektrische Signale über Nervenzellen, deren Fasern sich zum Sehnerv bündeln, zum Sehzentrum des Gehirns geleitet.

Es gibt drei verschiedene Typen von Zapfen. Sie enthalten unterschiedlichen Sehfarbstoff und sind jeweils auf eine Farbe spezialisiert. Das Gehirn vergleicht die Signale von benachbarten Zapfen und verrechnet sie zu einem *Farbeindruck.*

5

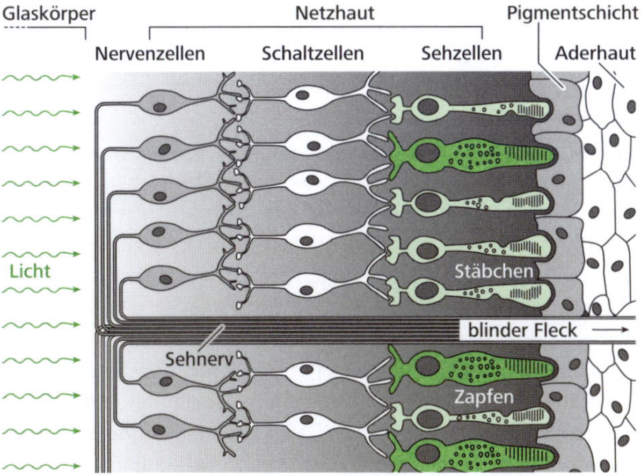

Bau der Netzhaut

Zeitliches Auflösungsvermögen und Filmsehen: Treffen mehr als 18 Bilder pro Sekunde auf die Netzhaut, können wir die Einzelbilder nicht mehr auseinanderhalten. Es entsteht der Eindruck einer zusammenhängenden Bewegung. Beim Filmsehen macht man sich dies zunutze.
Räumliches Sehen: Die Bilder, die in der Netzhaut der beiden Augen entstehen, sind aufgrund der unterschiedlichen Augenposition nicht genau deckungsgleich. Jedes Auge sendet leicht unterschiedliche Informationen an das Gehirn. Das Gehirn verarbeitet diese zu einem räumlichen Eindruck.
Nahe Gegenstände erscheinen räumlicher als ferne. So können wir *Entfernungen schätzen.*
Die Rolle des Gehirns beim Sehen: Optische Täuschungen, Farbensehen, Filmsehen und räumliches Sehen mit zwei Augen zeigen, dass Sehen eine Gemeinschaftsleistung von Augen und Gehirn ist.

▶ **ÜBERLEGE** Skizziere anhand eines Längsschnitts durch das menschliche Auge, wo das einfallende Licht gebrochen wird. Was ist mit Adaptation, was mit Akkomodation gemeint? Welches ist die Ursache von Weit- und Kurzsichtigkeit?

Hören und Gleichgewicht

Aufbau des Ohrs: Beim Ohr lassen sich Außenohr, Mittelohr und Innenohr unterscheiden. Das *Außenohr* besteht aus Ohrmuschel, Gehörgang und Trommelfell. Im *Mittelohr* liegen die Gehörknöchelchen. Das *Innenohr* ist mit Flüssigkeit (Ohrlymphe) gefüllt. Es umfasst drei Bogengänge für den Drehsinn, Vorhofsäckchen für den Lagesinn und die Schnecke, das *eigentliche Hörorgan.* Das Innere der Schnecke ist in drei Gänge unterteilt. Im Schneckengang befinden sich die *Hörsinneszellen.*
Schallübertragung im Ohr: Die Ohrmuschel fängt Luftschwingungen (Schallwellen) auf. Durch den äußeren Gehörgang erreichen sie das *Trommelfell,* versetzen es in Schwingung, werden über die Gehörknöchelchen auf das ovale Fenster übertragen

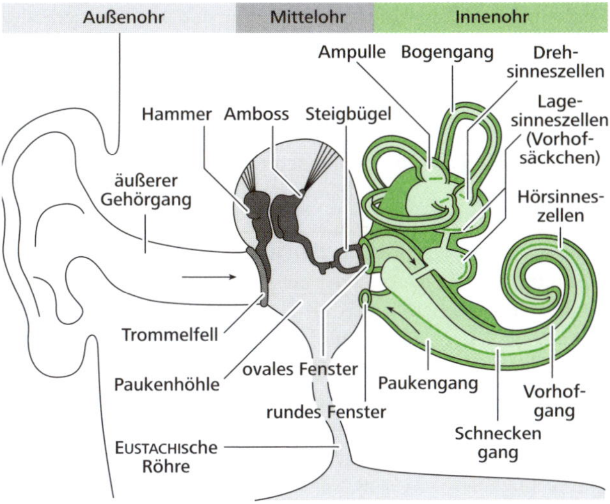

Aufbau des menschlichen Ohrs

und bringen die Ohrlymphe des Innenohrs zum Schwingen. Dies reizt die Härchen der *Hörsinneszellen* im Schneckengang. Der *Hörnerv* meldet die Erregungen zum Gehirn.

Leistungen des Gehörs: *Tonhöhe:* Der Unterschied zwischen hohen und tiefen Tönen besteht in der Zahl der Schwingungen pro Zeiteinheit (1 Hertz [Hz] = eine Schwingung pro Sekunde). Der Mensch kann im Frequenzbereich zwischen 16 Hz und 20 000 Hz hören.

Lautstärke: Die Stärke des Schalldrucks wird als Lautstärke wahrgenommen. Je stärker der Schalldruck, desto mehr Signale senden die Hörnerven an das Gehirn. Die Maßeinheit der Lautstärke ist das Dezibel (dB).

Richtungshören: Aus dem winzigen Zeitunterschied, mit dem der Schall die beiden Ohren erreicht, ermittelt das Gehirn die Richtung, aus der der Schall kommt. Bei der Stereowiedergabe von Musik wird dieser Effekt ausgenutzt.

Drehsinn und Lagesinn – *Drehsinn:* In den *Bogengängen* des Innenohres registrieren Sinneszellen die Strömung der Ohrlymphe als *Drehbewegungen.*
Lagesinn: Mit den *Vorhofsäckchen* des Innenohrs registrieren wir *Lageveränderungen* des Kopfs.
Drehsinn und Lagesinn bilden den *Gleichgewichtssinn.*

Riechen und Schmecken

Riechen: Duftstoffe werden durch den Geruchssinn wahrgenommen. Sie gelangen mit der eingeatmeten Luft in die Nasenhöhle, in deren oberem Bereich die *Riechzellen* liegen. Mehr als 1000 verschiedene Duftstoffe lassen sich unterscheiden. Über den Riechnerv gelangen die Signale zum Gehirn.
Schmecken: Auf der Zunge können in bestimmten Bereichen angeordnete Geschmacksknospen gelöste Stoffe wahrnehmen. Dabei werden lediglich vier verschiedene *Geschmacksrichtungen* unterschieden: sauer, süß, salzig und bitter. Der Gesamteindruck, den wir beim Essen wahrnehmen, entsteht durch die gleichzeitige Reizung der Geschmacksknospen und der Riechzellen. Auch hier spielen Verrechnungsvorgänge im Gehirn mit.

Die Haut als Sinnesorgan

Aufgaben der Haut: Als *Sinnesorgan* leitet die Haut Empfindungen für Berührung, Druck, Kälte, Wärme und Schmerz an das Gehirn weiter.
Als *Barriere zur Außenwelt* verhindert sie ein Austrocknen des Körpers, schützt vor Verletzungen, Strahlung und Krankheitserregern und ist an der Regulierung der Körpertemperatur beteiligt.
Darüber hinaus dient die Haut der *Ausscheidung*: Millionen von Schweißdrüsen scheiden mit dem Schweiß auch Kochsalz, Fettsäuren, Harnstoff und Harnsäure aus.
Aufbau der Haut: Von außen nach innen gliedert sich die Haut in drei Schichten, in Oberhaut, Lederhaut und Unterhaut.

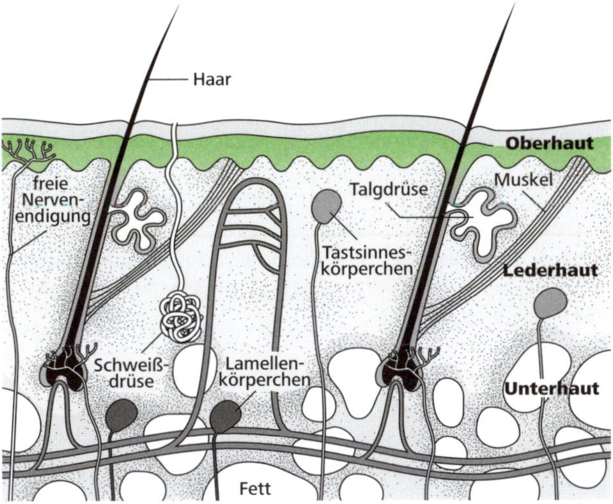

Aufbau der Haut

- Die *Oberhaut* ist dünn und besteht aus *Hornhaut* und *Keimschicht.*
- Die *Lederhaut* ist dicker. Sie besteht aus Bindegewebe, in das Blutgefäße, Muskelzellen, Schweiß- und Talgdrüsen, Haarwurzeln, Nerven und Sinneskörperchen eingelagert sind.
- Die dickste Schicht, die *Unterhaut*, enthält überwiegend Fettgewebe.

Sinne der Haut: Die Haut ist ein vielseitiges Sinnesorgan für Berührung, Druck, Wärme, Kälte und Schmerz. *Tastkörperchen* in der Haut sprechen auf leichteste Berührungen an. Bei stärkerem Druck reagieren tiefer in der Haut liegende *Lamellenkörperchen.* Wärme und Kälte erkennen wir mit besonderen *Kalt-* und *Warmsinneszellen.* Sie melden dem Gehirn Temperaturunterschiede. Die tatsächliche Temperatur in Grad Celsius können wir mit unserer Haut nicht herausfinden. *Schmerzsinneszellen* sind gleichmäßig über die Haut verteilt. Sie reagieren auf Verletzungen der Haut, auf Druck, Schlag und Chemikalien. Die verschiedenen Sinneszellen sind unregelmäßig über die Haut verteilt. Je nach ihrer Dichte sind die Körperteile unterschiedlich empfindlich. Die Sinneseindrücke der Haut werden im Gehirn verarbeitet. Hautflächen mit mehr Sinnespunkten werden dabei stärker berücksichtigt.

▶ **ÜBERLEGE** Jedes Sinnesorgan spricht auf einen bestimmten Reiz an. Wie lassen sich diese Reize sowie Aufgaben und Arbeitsweise der verschiedenen Sinnesorgane des Menschen in einer Tabelle darstellen?

Nervensystem

Vom Reiz zur Reizbeantwortung: Ein *Reiz* wirkt auf ein Sinnesorgan ein. Ist der Reiz stark genug, bilden die Sinneszellen *elektrische Impulse*. Je stärker der Reiz, desto größer ist die Anzahl der Impulse.
Über *sensorische Nerven* werden sie als *Erregungen* zum *Gehirn* geleitet. Das Gehirn *wertet* die Meldungen *aus* und entwirft einen *Reaktionsplan*.

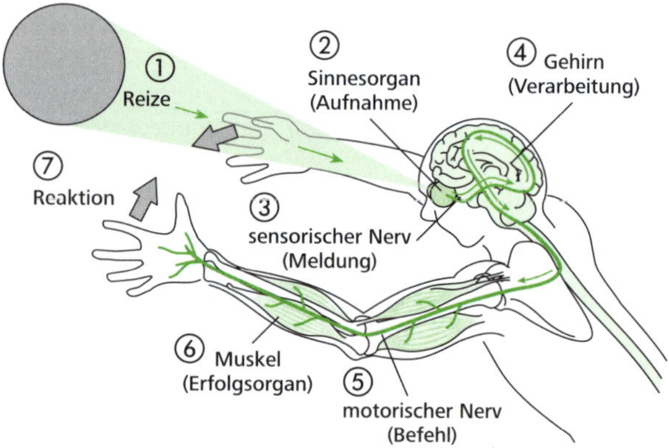

Reiz und Reaktion

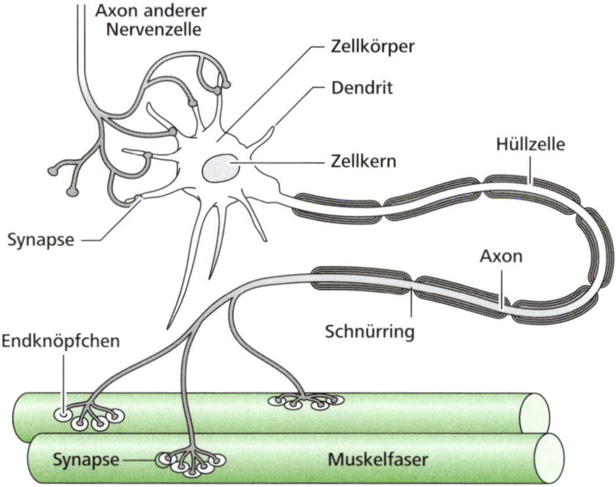

Bau der Nervenzelle

Über *motorische Nerven* sendet das Gehirn seine Befehle ebenfalls als elektrische Signale an die *Erfolgsorgane*, die Muskeln oder Drüsen.

Aufbau und Funktion der Nervenzellen: Am *Zellkörper* der Nervenzelle setzen viele fein verzweigte Fortsätze, die *Dendriten*, an. An einer Stelle des Zellkörpers entspringt ein langer dünner Fortsatz, das *Axon*, das sich an seinem anderen Ende verzweigt. Jede Verzweigung endet in einer Verdickung, dem *Endknöpfchen*. Die Axone vieler Nervenzellen sind zur Isolierung und Versorgung von *Hüllzellen* umgeben.

Jede Nervenzelle ist über Dendriten und Axon mit anderen Nervenzellen sowie mit Muskel- oder Drüsenzellen verbunden. Die Kontaktstellen heißen *Synapsen*. Sie bestehen aus dem Endknöpfchen, einem winzigen *synaptischen Spalt* und dem Membranbereich der folgenden Empfängerzelle.

Während die Erregungen über das Axon als *elektrische Impulse* verlaufen, werden sie am synaptischen Spalt durch *Überträger-*

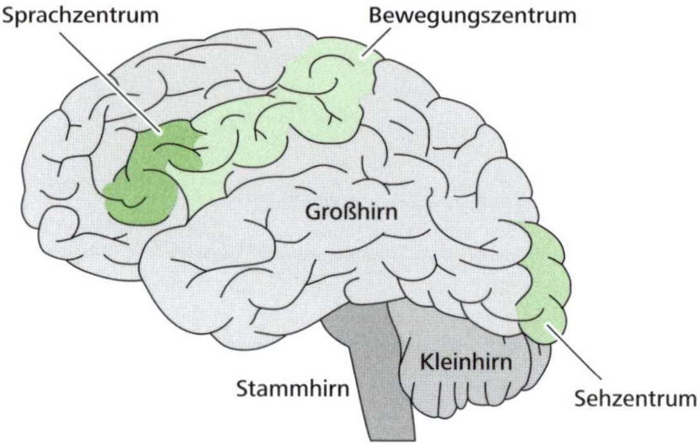

Gehirn des Menschen

stoffe (Transmitter) weitervermittelt. Je mehr Impulse pro Zeiteinheit an der Synapse eintreffen, umso mehr Überträgerstoff wird freigesetzt und umso mehr Impulse entstehen in der Folgezelle.

Das **Nervensystem** des Menschen steht mit allen Organen in Verbindung und sorgt für eine sinnvolle Zusammenarbeit.

Gehirn und *Rückenmark* bilden das *Zentralnervensystem.* Nervenbahnen, die zum Zentralnervensystem hinführen (sensorische Nerven) oder von ihm ausgehen (motorische Nerven), bilden das *periphere Nervensystem.*

Vom *vegetativen Nervensystem* werden viele Körpervorgänge wie Blutkreislauf, Atmung und Verdauung unwillkürlich beeinflusst.

Gehirn: Wahrnehmung, Erinnerung, Denken, Willensbildung und die Steuerung von Körpervorgängen finden im Gehirn statt.

Das *Großhirn,* das aus zwei Teilen (Hemisphären) besteht, ist Sitz unseres Bewusstseins. In seinem äußeren Teil, der Großhirnrinde, liegen Wahrnehmungsfelder, Assoziationsfelder und Erinnerungsfelder sowie Felder für die Ausführung von Willensleistungen.

In der äußeren grauen Substanz liegen Nervenzellkörper und Dendriten, in der inneren weißen Substanz vorwiegend Axone.
Das *Kleinhirn* sorgt für den harmonischen Ablauf von Bewegungen. Dort erfolgt die Koordination aller Muskeln, die am Bewegungsablauf beteiligt sind.
Zwischenhirn, Mittelhirn und *Nachhirn* werden als *Stammhirn* zusammengefasst. Es steuert vor allem unbewusste Vorgänge wie Atmung, Wasserhaushalt, Hunger und Durst sowie Schlafen und Wachen.
Das **Gedächtnis** ist die Fähigkeit des Gehirns, Informationen zu speichern und bei Bedarf abrufen zu können. Man unterscheidet drei Stufen des Gedächtnisses: das *Ultrakurzzeitgedächtnis*, das *Kurzzeitgedächtnis* und das *Langzeitgedächtnis*.
Das **Rückenmark** liegt als fingerdicker Strang im Wirbelkanal der Wirbelsäule. Es ist für viele sensorische und motorische Nerven die *Durchgangsstation* zum Gehirn.

Außerdem ist das Rückenmark ein selbstständig arbeitendes *Reflexorgan*.
Reflexe sind rasch ablaufende unbewusste Reaktionen des Körpers (↗ S. 176). Sie haben meist eine Schutzfunktion (z. B. Rückziehreflex, Kniesehnenreflex).
Das **vegetative Nervensystem** steuert die Funktionen der inneren Organe und wird auch als Eingeweidenervensystem bezeichnet. Es arbeitet selbstständig und ohne dass es willentlich beeinflusst wird. Das vegetative Nervensystem besteht aus zwei Teilsystemen, dem Sympathicus und dem Parasympathicus. Sie arbeiten als Gegenspieler.

- Der *Sympathicus* wirkt auf die von ihm versorgten Organe anregend, man nennt ihn daher auch Leistungsnerv.
- Der *Parasympathicus* unterstützt Energieeinsparung, Erholung und Zellaufbau.

▶ **ÜBERLEGE** Welche Vorgänge laufen ab, wenn beim Handballspiel ein Ball gefangen wird?
Wo werden Informationen ausgewertet und was geschieht dabei?

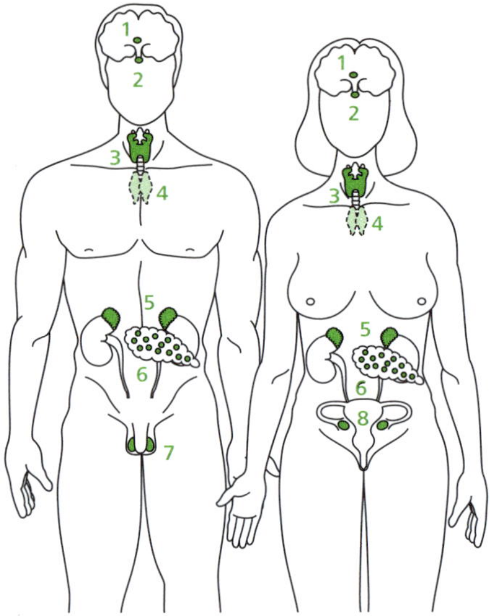

Hormondrüsen des Menschen

1 ***Zirbeldrüse (Epiphyse)***: Ihre Hormone beeinflussen die Reifung der Geschlechtsmerkmale.
2 ***Hirnanhangsdrüse (Hypophyse)***: Sie bildet mehr als zehn Hormone, die den gesamten Hormonhaushalt des Körpers und auch das Längenwachstum und die Bildung der Keimzellen steuern.
3 ***Schilddrüse***: Eines ihrer Hormone (Thyroxin) beeinflusst den Stoffwechsel aller Zellen.
4 ***Thymusdrüse***: Sie ist besonders bei Kindern ausgebildet und beeinflusst die Entwicklung des Immunsystems.
5 ***Nebenniere***: Hormone des Nebennierenmarks (Adrenalin) steigern die Leistungsbereitschaft des Körpers. Die Hormone der Nebennierenrinde (Cortisol) mobilisieren als Stresshormone die Reserven des Körpers.
6 ***Bauchspeicheldrüse***: Die langerhansschen Inseln der Bauchspeicheldrüse bilden das blutzuckersenkende Hormon Insulin und das blutzuckererhöhende Glukagon.
7 ***Männliche Keimdrüsen (Hoden)***: Ihre Geschlechtshormone (Testosteron) bewirken die Ausbildung der Geschlechtsmerkmale und die Erzeugung befruchtungsfähiger Spermien.
8 ***Weibliche Keimdrüsen (Eierstöcke)***: Zusammen mit den Hypophysenhormonen regeln die Hormone der Eierstöcke (Östrogen, Progesteron) den Zyklus der Frau.

Hormonsystem

Hormone sind Wirkstoffe, die von besonderen Hormondrüsen gebildet werden. Als Botenstoffe dienen sie der Informationsübermittlung im Körper. Hormone werden mit dem Blut im ganzen Körper verteilt und wirken in geringsten Mengen. Nur bestimmte Zellen in den Erfolgsorganen sprechen auf die jeweiligen Hormone an. Die Abbildung links zeigt die Hormondrüsen des Menschen.
Durch Hormone werden Informationen langsamer transportiert als durch Nerven. Da Hormone aber längere Zeit im Blutkreislauf bleiben, wirken sie nachhaltiger.

▶ VERNETZUNG Blutkreislauf, S. 78

Regelkreise im Körper

Unter gleichbleibenden äußeren Bedingungen hält der Körper den Stoffwechsel auf konstantem Wert. Auftretende Abweichungen werden ausgeglichen (geregelt). Diese Regelung wird über Nerven und Hormone vorgenommen.
Regelkreise veranschaulichen das Prinzip der Regelung.

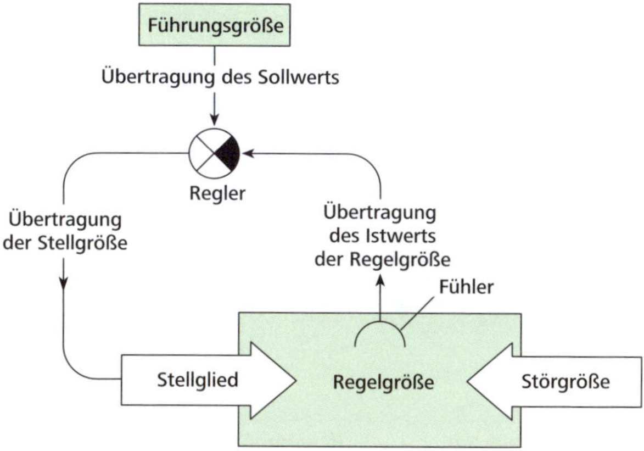

Allgemeines Regelkreisschema

Bestandteile eines Regelkreises sind:

- Regelgröße – der Zustand, der geregelt werden soll
- Fühler – Messeinrichtung für den Istwert
- Führungsgröße – gibt den Sollwert vor
- Regler – vergleicht Istwert und Sollwert und veranlasst nötige Korrekturen
- Stellglied – Ausführungsorgan für die Korrektur
- Störgröße – beeinflusst die Regelgröße von außen

Beispiel: Regulation des Blutzuckerspiegels

Die Bauchspeicheldrüse (Pankreas) hat eine zweifache Aufgabe: Sie bildet Verdauungsenzyme (↗ Abb. S. 98) und produziert Hormone zur Blutzuckerregulation.

Zellen der langerhansschen Inseln in der Bauchspeicheldrüse geben die Hormone Insulin und Glukagon ins Blut ab.

- *Insulin* veranlasst die Zellen von Leber und Muskeln, Traubenzucker (Glucose) aus dem Blut aufzunehmen und zu Glykogen umzuwandeln. Die Konzentration des Blutzuckers (Blutzuckerspiegel) sinkt auf diese Weise.

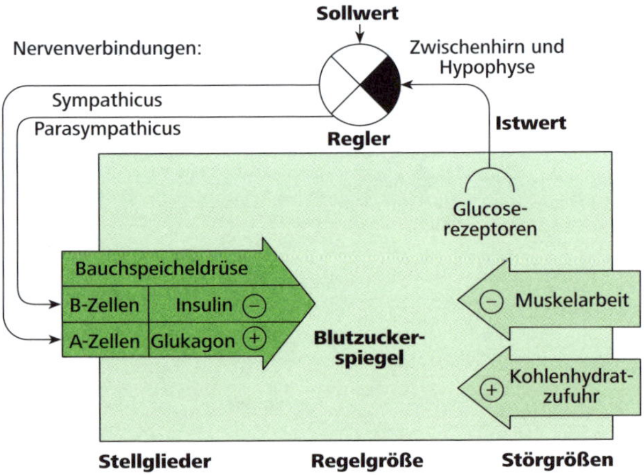

Regelung des Blutzuckerspiegels (Regelkreis)

- *Glukagon* veranlasst die Zellen von Leber und Muskeln, Glykogen wieder in Traubenzucker abzubauen und in das Blut zurückzugeben. So steigt der Blutzuckerspiegel.

Bei körperlicher Belastung wird mehr Traubenzucker (Glucose) benötigt, der Blutzuckerspiegel sinkt. Nach einer kohlenhydratreichen Mahlzeit steigt er. Da der Blutzuckerspiegel also stets Schwankungen ausgesetzt ist, muss er über die Gegenspieler Insulin und Glukagon genau reguliert und konstant gehalten werden (↗ Abb. S. 100). Ein gesunder Mensch hat 80–100 mg Glucose in 100 ml Blut. Insulinmangel führt zur Zuckerkrankheit (Diabetes): Glucose häuft sich im Blut an. Augen, Nerven und Nieren können geschädigt werden.

▶ **ÜBERLEGE** Vergleiche die Arbeitsweise von Nervensystem und Hormonsystem. Achte auf Gemeinsamkeiten und Unterschiede.
Welche Vorgänge im Körper laufen bewusst, welche unbewusst ab?
Nenne Beispiele für Regelkreise im menschlichen Körper.

5.6 Bewegungssystem

Knochen und Muskeln bilden den Bewegungsapparat des Menschen.

Skelett

Das Skelett besteht aus Knochen und Knorpel. Es stützt den Körper, schützt empfindliche Organe vor Verletzung und bildet im roten Knochenmark Blutzellen.

Knochen sind lebende Organe. Sie bestehen wie Knorpel aus einer organischen Grundsubstanz, die von Knochenzellen gebildet wird. Daneben enthalten Knochen auch Mineralstoffe, vor allem Calciumphosphat (85 %) und Calciumcarbonat (15 %).

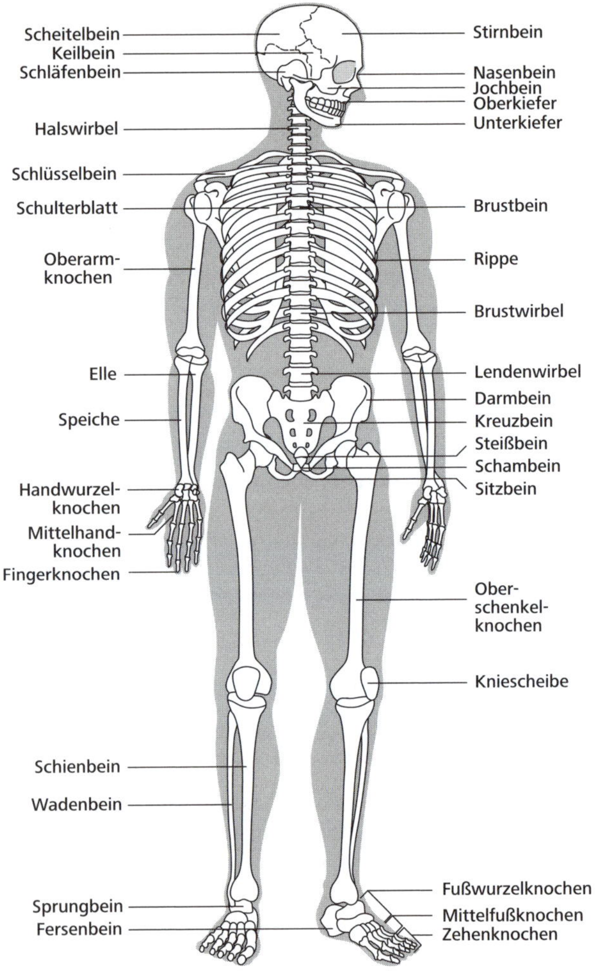
Scheitelbein
Keilbein
Schläfenbein
Halswirbel
Schlüsselbein
Schulterblatt
Oberarm-knochen
Elle
Speiche
Handwurzel-knochen
Mittelhand-knochen
Fingerknochen
Schienbein
Wadenbein
Sprungbein
Fersenbein
Stirnbein
Nasenbein
Jochbein
Oberkiefer
Unterkiefer
Brustbein
Rippe
Brustwirbel
Lendenwirbel
Darmbein
Kreuzbein
Steißbein
Schambein
Sitzbein
Ober-schenkel-knochen
Kniescheibe
Fußwurzelknochen
Mittelfußknochen
Zehenknochen

Skelett

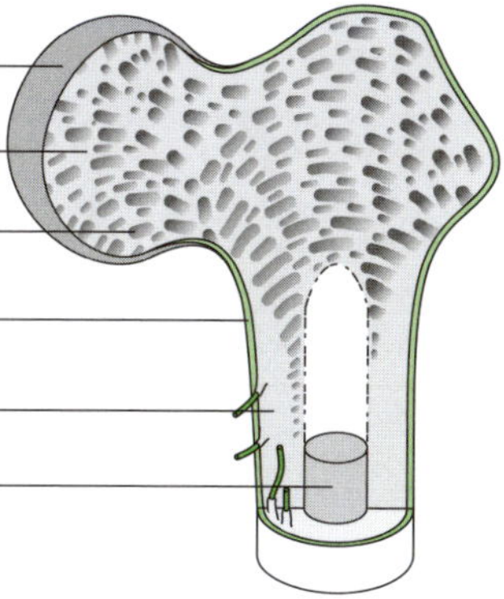

Röhrenknochen

Dadurch sind sie hart und gleichzeitig etwas elastisch. Über Blutgefäße werden sie ernährt.
Nach äußerer Form und innerem Bau lassen sich folgende **Knochentypen** unterscheiden:

- *Röhrenknochen* sind die langen Arm- und Beinknochen. Sie haben innen einen Hohlraum, der mit Knochenmark ausgefüllt ist.
- *Plattenknochen* sind die Knochen der Schädelkapsel, des Beckens und die Schulterblätter.
- *Kurze Knochen* sind die Wirbel, Hand- und Fußwurzelknochen. Sie besitzen im Innern keinen Hohlraum.

Die **Wirbelsäule** ist doppelt s-förmig gebogen. Zwischen den *Wirbeln* liegen *Bandscheiben* aus knorpeligem Bindegewebe. Die Doppel-s-Form und die Bandscheiben fangen Stöße beim Gehen ab. Die Abknickung der Wirbelsäule im Bereich des Beckens ermöglicht den aufrechten Gang des Menschen.

Gelenke

Bewegungen des Skeletts werden durch Gelenke zwischen den starren Knochen ermöglicht.

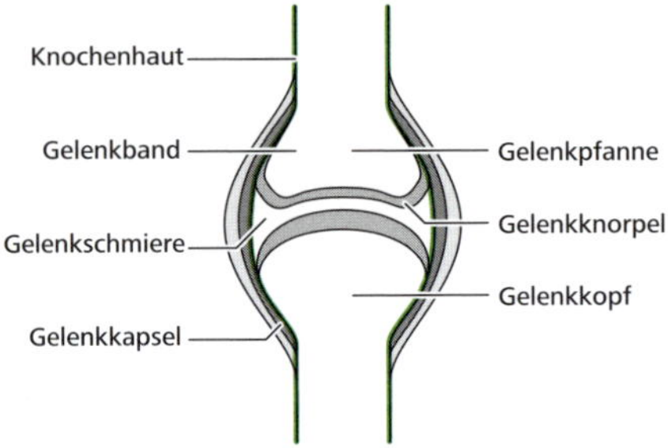

Gelenkbau

Aufbau eines Gelenks: Die Enden der beiden im Gelenk aufeinandertreffenden Knochen heißen *Gelenkpfanne* und *Gelenkkopf*. Ihre Oberfläche ist von Knorpel überzogen. Das ganze Gelenk wird von der Gelenkkapsel luftdicht umhüllt. Die Innenseite der Gelenkkapsel liefert *Gelenkschmiere*. Straffe Gelenkbänder sichern das Gelenk.
Gelenktypen: Häufige Gelenktypen sind Scharnier-, Dreh-, Sattel- und Kugelgelenk.

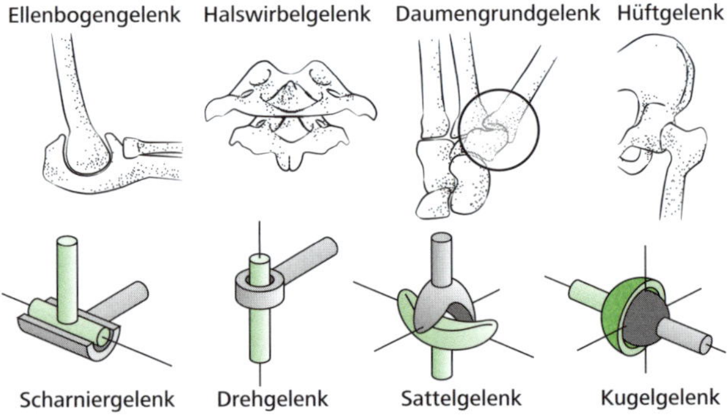

Gelenktypen

▶ **ÜBERLEGE** Unser Bewegungssystem ist anfällig für Verletzungen. Welche Verhaltensweisen erhöhen die Verletzungsgefahr, wie lassen sich Verletzungen vermeiden? (Denke dabei an falsche Belastung, Überbeanspruchung oder mangelnde Vorbereitung, fehlendes Training.)

Muskeln

Muskeln bewegen den Körper. Sie können sich nur zusammenziehen, aber nicht aktiv ausdehnen. Der zusammengezogene (kontrahierte) Muskel wird stets von einem Gegenspieler gedehnt. Wenn sich der eine Muskel zusammenzieht, ist sein Gegenspieler entspannt und wird passiv gedehnt.
Bei ihrer Arbeit setzen die Muskeln Wärmeenergie frei und tragen so dazu bei, die Körpertemperatur konstant zu halten.

▶ **VERNETZUNG** Gleichwarme Tiere, S. 153

Muskeltypen: Nach Bau und Funktion unterscheidet man glattes und quer gestreiftes Muskelgewebe.
Quer gestreiftes Muskelgewebe findet man bei Skelettmuskeln und dem Herzmuskel.

- *Skelettmuskeln* erscheinen im Lichtmikroskop quer gestreift. Sie sind unserem Willen unterworfen, arbeiten rasch und ermüden schnell.

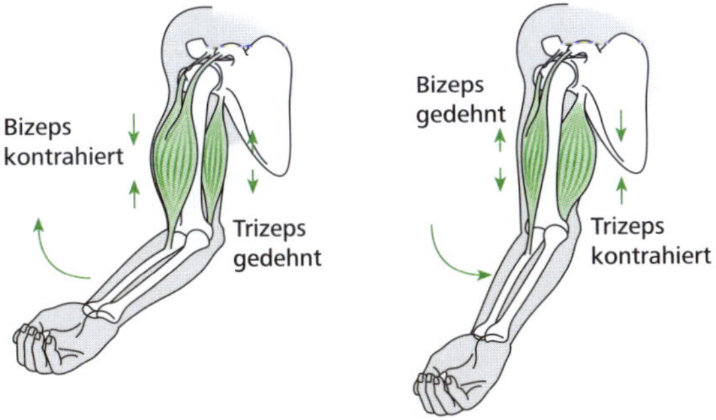

Gegenspielerprinzip am Beispiel von Armbeuger (Bizeps) und Armstrecker (Trizeps)

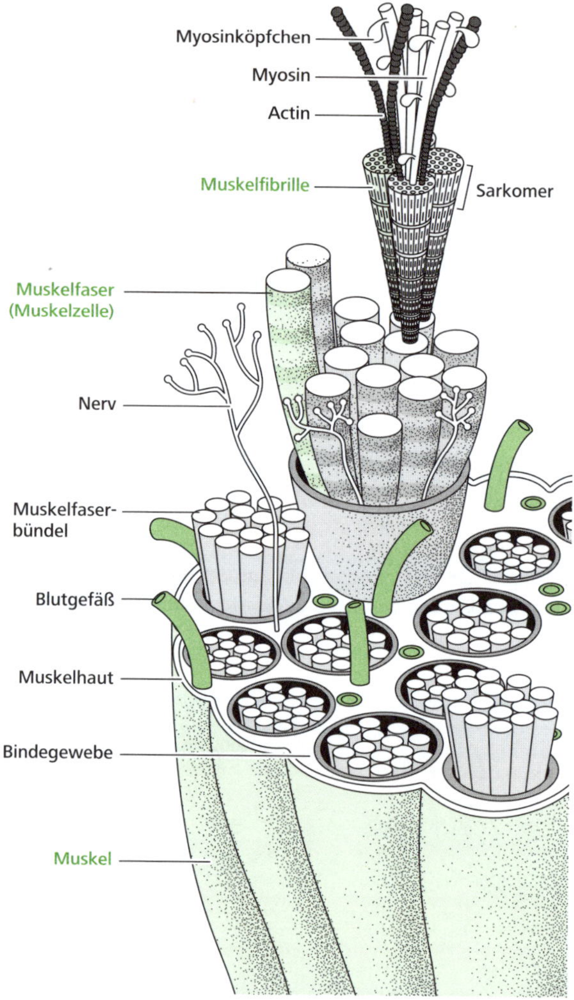

Bau des Skelettmuskels

- *Herzmuskeln* sind ebenfalls quer gestreift. Sie ermüden nicht und können über den Willen nicht beeinflusst werden.

Glatte Muskeln umschließen Blutgefäße, Verdauungs- und Ausscheidungsorgane. Diese Eingeweidemuskeln arbeiten langsam, aber ausdauernd. Sie sind unwillkürlich, also nicht willentlich beeinflussbar.

▶ **VERNETZUNG** Vegetatives Nervensystem, S. 96 u. 97

Skelettmuskulatur: Jeder *Skelettmuskel* ist von einer Muskelhaut umgeben. Sie geht an den Muskelenden in die Sehnen über. Die meisten Muskeln setzen über Sehnen an Knochen an. Lange Sehnen werden von Muskelscheiden umschlossen. Blutgefäße versorgen den Muskel mit Nährstoffen und Sauerstoff.

Im Innern besteht der Muskel aus Tausenden von *Faserbündeln*, die von Bindegewebe umhüllt sind. Jedes Faserbündel enthält rund 1000 Muskelfasern.

Jede Muskelfaser vereint Hunderte von *Muskelfibrillen*. Diese bestehen aus Proteinfäden, den dünnen *Actinfilamenten* und den dickeren *Myosinfilamenten*.

Muskelarbeit: Das Zusammenziehen von Skelettmuskeln wird von Nervenimpulsen aus dem Gehirn oder vom Rückenmark ausgelöst. In den *motorischen Endplatten* geben die Nervenfasern erregende *Überträgerstoffe* (Acetylcholin) frei. Es erfolgt eine kurzfristige Verbindung zwischen Myosin- und Actinfäden. Dabei gleiten die Actinfäden in die Myosinfäden. Hierdurch verkürzt sich der Muskel.

Muskeln brauchen für ihre Arbeit Energie, die durch die Zellatmung (↗ S. 75) geliefert wird.

▶ **VERNETZUNG** Blutkreislauf und Atmung, S. 78 u. 83

▶ **ÜBERLEGE** Wie lässt sich das Gegenspielerprinzip am Beispiel eines Muskelpaares mit einer Funktionsskizze erläutern?

5.7 Körpereigene Abwehr

Gesundheit und Krankheit

Krankheiten werden zwar häufig durch Krankheitserreger ausgelöst, zum Ausbruch einer Krankheit tragen aber auch sogenannte *Risikofaktoren* bei. Solche Risikofaktoren sind vor allem Stress, Rauchen, falsche Ernährung und Alkoholkonsum.
Jeder kann seine Gesundheit selbst stärken. *Gesundheitsfaktoren* sind eine ausgewogene Ernährung, vernünftige Hygiene, ausreichend Bewegung, Kenntnisse über die Bedürfnisse des Körpers, der Seele und des Geistes sowie Methoden zur Konfliktbewältigung und zum Stressabbau.
Krankheiten, die durch Erreger ausgelöst werden, nennt man *Infektionskrankheiten.* Eine Ansteckung (Infektion) kann durch Viren, Bakterien, Pilze, Einzeller oder Würmer hervorgerufen werden.

▶ VERNETZUNG Mikroorganismen, S. 64; Viren, S. 67

Krankheitserreger schädigen den Körper vor allem durch Giftstoffe *(Toxine)*. Die Zeitspanne von der Infektion bis zum Ausbruch der Krankheit ist die *Inkubationszeit*, die typischen Anzeichen der Krankheit sind die *Symptome.*
Umweltbelastungen und eine falsche Lebensweise können ebenfalls Krankheiten, sogenannte *Zivilisationskrankheiten*, auslösen. Hierzu zählen u. a. Atemwegsbeschwerden, Allergien sowie

Erreger	Erkrankung
Viren	Grippe, Tollwut, Masern, Röteln, Herpes
Bakterien	bakterielle Lungenentzündung, Diphtherie, Wundstarrkrampf (Tetanus), Typhus, Pest
Pilze	Fußpilz, Soor, Krebs durch Schimmelgifte (Aflatoxine)
Einzeller	Malaria, Schlafkrankheit
Platt- und Rundwürmer	Trichinose, Bandwurm, Spulwurm, Madenwurm

Beispiele für Infektionskrankheiten

Herz- und Kreislauferkrankungen. Lang andauernde seelische Konflikte (Überbelastung, Ärger, Wut, Einsamkeit und Trauer) können *psychosomatische Erkrankungen* verursachen.

▶ **ÜBERLEGE** Welche Krankheiten werden von Bakterien, Viren oder Pilzen verursacht? Wie unterscheiden sich diese Krankheitserreger in ihrem Bau?

Körperabwehr und Immunsystem

Unser Körper verfügt über verschiedene Mechanismen zur Abwehr von Krankheiten.

Den äußeren Schutz bildet die *Haut. Flimmerhaare* der Schleimhäute transportieren Eindringlinge aus den Bronchien. *Magensäure*, *Speichel* und *Tränenflüssigkeit* wirken desinfizierend und töten Erreger. Bestimmte weiße Blutkörperchen, die sogenannten *Fresszellen (Makrophagen)*, umschließen Erreger und lösen sie auf.

Neben den Makrophagen sind weitere weiße Blutkörperchen (↗ S. 81) an der Abwehr beteiligt: die *Lymphocyten*. Sie bilden die spezifische Abwehr, das *spezifische Immunsystem*, indem sie bestimmte (spezifische) Erreger (Antigene) direkt angreifen und andere Lymphocyten bilden.

Alle weißen Blutkörperchen (Leukocyten) gehen durch Teilung aus Stammzellen im roten Knochenmark hervor. An verschiedenen Stellen im Körper reifen sie dann zu den unterschiedlichen Typen heran. Rund 25 % der Leukocyten sind Lymphocyten. Im Blut und in der Lymphe sind sie frei beweglich.

Das Lymphsystem besteht aus Thymusdrüse und rotem Knochenmark (primäre Lymphorgane) und den sogenannten sekundären Lymphorganen (Lymphknoten, Milz, Wurmfortsatz und Mandeln), wo die Lymphocyten heranreifen.

Lymphocyten reagieren – anders als die Fresszellen (Makrophagen) – nur auf einen bestimmten Erreger. Die Erreger oder Teile von ihnen wirken als sogenannte *Antigene*.

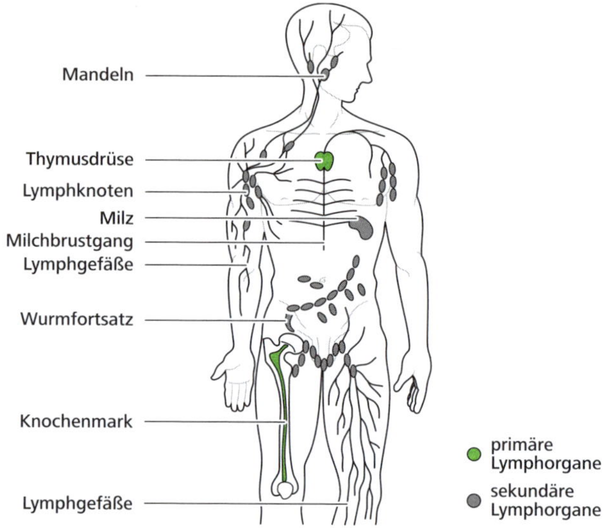

Lymphorgane des Menschen

Sind Erreger in den Körper gelangt ①, müssen die jeweils benötigten Lymphocyten zuerst vermehrt werden ②. Es entstehen:

- *T-Lymphocyten (Killerzellen)*, die in Körperzellen eingedrungene Erreger (Antigene) unschädlich machen ③④.
- *B-Lymphocyten (Plasmazellen)*, die spezifische *Antikörper* gegen die Erreger (Antigene) bilden ⑤. Die Antikörper heften sich an die Antigene. Der Antikörper-Antigen-Komplex kann von Fresszellen leichter aufgenommen werden ⑥.
- Bestimmte T-Lymphocyten werden zu *T-Helferzellen* ⑦, die die Plasmazellen zur Vermehrung veranlassen.
- Andere T-Lymphocyten und B-Lymphocyten bleiben als *Gedächtniszellen* viele Jahre erhalten ⑧. Bei einem erneuten Kontakt mit dem Antigen vermehren sie sich rasch und verleihen dem Körper *Immunität* gegen den Erreger. Eine Krankheit bricht gar nicht erst aus.

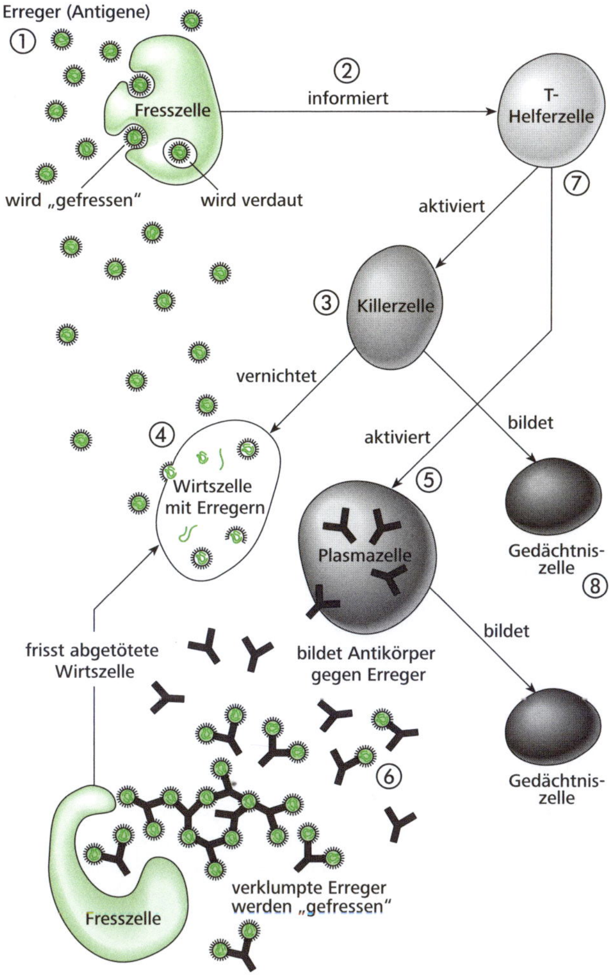

Schema der Immunreaktion

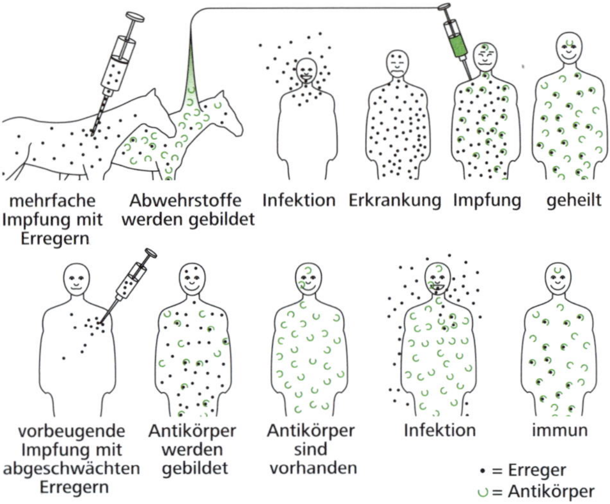

Passive Immunisierung (oben) – aktive Immunisieriung (unten)

Immunisierung

Passive Immunisierung: Das Impfen von spezifischen Antikörpern nennt man passive Immunisierung. Die Antikörper werden aus dem Blutserum von Tieren gewonnen. Diese Immunisierung bildet einen *sofortigen Schutz* und unterstützt den Heilungsprozess, hält aber nur kurze Zeit an.

Aktive Immunisierung: Die aktive Immunisierung wird zur langfristigen *Vorbeugung* gegen Infektionskrankheiten angewendet. Dazu impft man als Antigene abgeschwächte bzw. abgetötete Erreger oder deren Toxin. Der menschliche Körper bildet nun selbst Antikörper und Gedächtniszellen zur Abwehr dieser Antigene.

Heilmittel

Antibiotika sind Heilmittel, die aus Pilzen (↗ S. 48) und Mikroorganismen gewonnen werden. Sie hemmen die Vermehrung

von Bakterien, ohne dabei die Körperzellen des Menschen zu schädigen.
Chemotherapeutika sind chemische Verbindungen, die antibakteriell wirken.

▶ **ÜBERLEGE** Die Haut ist Schutz- und Sinnesorgan zugleich. Erläutere.
Wie arbeitet das Immunsystem beim Eindringen eines Krankheitserregers?
Welche Funktion haben die Gedächtniszellen?
Unter welchen Bedingungen wird die aktive, wann die passive Immunisierung angewandt?

Versagen der Körperabwehr

Es gibt verschiedene Erkrankungen, bei denen die Abwehrmöglichkeiten des Körpers überfordert sind.
Aids (acquired immune deficiency syndrome: erworbenes Immundefektsyndrom) ist eine erworbene Abwehrschwäche. Der Erreger, das HI-Virus (human immunodeficiency virus), wird mit Körperflüssigkeiten wie Blut und Sperma übertragen. Hauptübertragungswege sind daher Geschlechtsverkehr ohne Kondom und die gemeinsame Verwendung von Injektionsspritzen bei Drogenabhängigen. Die HI-Viren befallen die T-Helferzellen, ihre Anzahl sinkt mit der Zeit. Mit einer zu geringen Anzahl an T-Helferzellen bricht die körpereigene Abwehr zusammen. Verschiedene Infektionen können sich jetzt im Körper ausbreiten und führen schließlich zum Tod. Das Krankheitsbild Aids tritt oft erst viele Jahre nach der Infektion auf.
Allergien: Eine Allergie ist eine Abwehrreaktion (↗ S. 109) des Körpers auf eigentlich harmlose Stoffe. Solche Stoffe (*Allergene*) können Blütenstaub, Chemikalien, Nahrungsmittel und vieles andere sein. Verzehr, Einatmen oder Berühren eines Allergens kann die Allergie auslösen. Bestimmte Leukocyten bilden dann das Hormon *Histamin*. Histamin erweitert die Blutgefäße, lässt die Schleimhäute anschwellen und verengt die Bronchien.

Krebs: *Bösartige Geschwülste (Karzinome)* werden als *Krebs* bezeichnet. Zellen vermehren sich ungehemmt und zerstören gesundes Gewebe. Über das Blut- und Lymphsystem gelangen Krebszellen an andere Stellen des Körpers und können dort *Tochtergeschwülste (Metastasen)* bilden. Normalerweise werden Krebszellen von den Killerzellen (T-Lymphocyten) bekämpft.
Neben einer erblichen Veranlagung können auslösende Faktoren für eine Krebserkrankung sein: chemische Substanzen (z. B. im Zigarettenrauch), energiereiche Strahlung (z. B. UV-Licht), bestimmte Viren u. a.

5.8 Fortpflanzung und Entwicklung

Mann und Frau

Die primären Geschlechtsmerkmale sind die angeborenen unterschiedlichen Geschlechtsorgane von Mann und Frau:

- beim Jungen und Mann der *Hodensack* mit den *Hoden* und das *Glied (Penis)* sowie Samenleiter, Nebenhoden und Bläschen- und Vorsteherdrüse im Körperinnern,
- beim Mädchen und der Frau *Schamlippen* und *Kitzler (Klitoris)* sowie *Scheide (Vagina), Gebärmutter (Uterus), Eileiter* und *Eierstöcke* im Körperinnern.

Die sekundären Geschlechtsmerkmale entwickeln sich mit Einsetzen der Pubertät. Ein auffälliges Merkmal ist die Behaarung der Schamgegend und der Achselhöhle.

- Typisch männliche sekundäre Geschlechtsmerkmale sind muskulöser Körperbau, schmaleres Becken, Bartwuchs und tiefe Stimme,
- typisch weibliche Geschlechtsmerkmale sind breitere Hüften und entwickelte Brüste.

Die tertiären Geschlechtsmerkmale sind erworbene Merkmale. Sie beruhen auf der Erwartung der Gesellschaft an die Rolle der Geschlechter. Hierzu zählen Merkmale der Kleidung, der Frisur und des Verhaltens, die kultur- und modeabhängig sind.

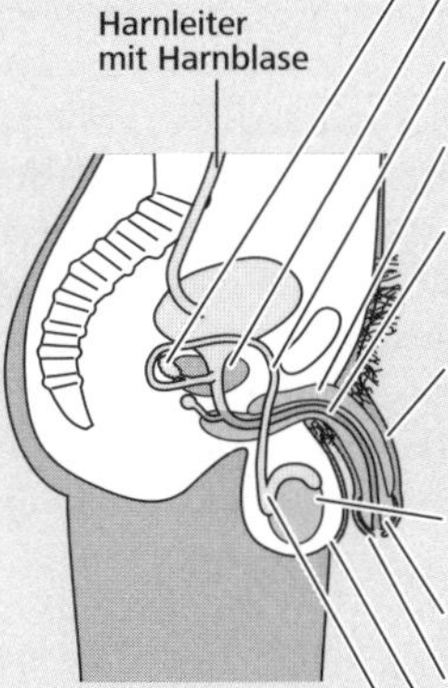

Bläschendrüse Vorsteherdrüse	Sekretbildung für Eigenbewegung der Spermien
Samenleiter	Transport der Spermien
Schwellkörper	Aufrichtung des Penis (Erektion)
Harnsamenröhre	Transport Ejakulat/Urin
Glied (Penis)	Eindringen in die Scheide beim Geschlechtsverkehr, Übertragung der Spermien
Hoden	Bildung der Spermien, Hormonbildung
Eichel	sexuelles Reizzentrum
Vorhaut	Schutz der Eichel
Hodensack	Schutz der Hoden
Nebenhoden	Speicherung der Spermien

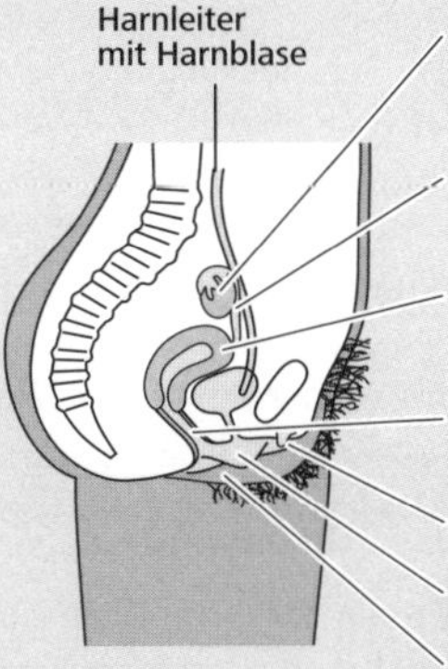

Eierstock	Reifung von Eizelle und Follikel, Hormonbildung
Eileiter	Transport der reifen Eizelle, Ort der Befruchtung
Gebärmutter	Aufnahme und Versorgung des Keims
Scheide	Aufnahme des Glieds beim Geschlechtsverkehr, Geburtskanal
Kitzler (Klitoris)	sexuelles Reizzentrum
kleine Schamlippe große Schamlippe	Schutz der inneren Geschlechtsorgane vor Infektionen

Männliche und weibliche Geschlechtsorgane

Die Pubertät

Etwa zwischen dem zehnten und dem zwölften Lebensjahr setzt die *Pubertät* (Reifezeit) ein, in der aus einem Mädchen eine Frau, aus einem Jungen ein Mann wird.

Ausgelöst werden die Veränderungen während der Pubertät durch Hormone. Die Keimdrüsen beginnen jetzt mit der Bildung von Geschlechtshormonen. Diese bewirken, dass in den Eierstöcken reife Eizellen, in den Hoden Samenzellen entstehen und dass sich die sekundären Geschlechtsmerkmale entwickeln. Dabei bildet ein Teil des *Zwischenhirns* Hormone, die auf die *Hirnanhangsdrüse (Hypophyse)* einwirken. Diese gibt daraufhin ihrerseits verstärkt Hormone ab, die die *Keimdrüsen* zur Bildung von *Sexualhormonen* anregen.

- Beim Jungen werden in den Hoden vermehrt männliche Geschlechtshormone (Androgene) gebildet, hauptsächlich das *Testosteron*,
- beim Mädchen werden in den Eierstöcken vermehrt weibliche Geschlechtshormone gebildet, wobei die *Östrogene* (Follikelhormone) die Ausbildung der sekundären weiblichen Geschlechtsmerkmale bewirken.

▶ **ÜBERLEGE** Welche körperlichen Veränderungen setzen mit der Pubertät ein? Wozu dienen sie?

Die Bildung der Keimzellen

Bildung der Spermien: Unter der Wirkung des Testosterons reifen in den Hodenkanälchen der Hoden die *Spermien (Samenzellen)* heran, die in den Nebenhoden gespeichert werden. Bei der Bildung der Spermien kommt es zu Zellteilungsvorgängen (1. und 2. Reifeteilung, ↗ S. 131), aus der haploide Samenzellen hervorgehen.

Reifung der Eizelle: Die weibliche Eizelle reift innerhalb des Eierstocks in einem *Eibläschen (Follikel)* heran. Durch die Zellteilungsvorgänge (1. und 2. Reifeteilung) wird sie zu einer *befruchtungsfähigen haploiden Eizelle.*

Der weibliche Zyklus: Der Eireifezyklus wird vom Nervensystem über Hypophysenhormone sowie über die Sexualhormone Östrogen und Gelbkörperhormon (Progesteron) gesteuert. Die Eireifungsphase bis zum Eisprung dauert in der Regel 14 Tage. Bleibt die Eizelle unbefruchtet, kommt es rund 14 Tage später zur *Regelblutung (Menstruation).*

▶ VERNETZUNG Meiose, S. 131

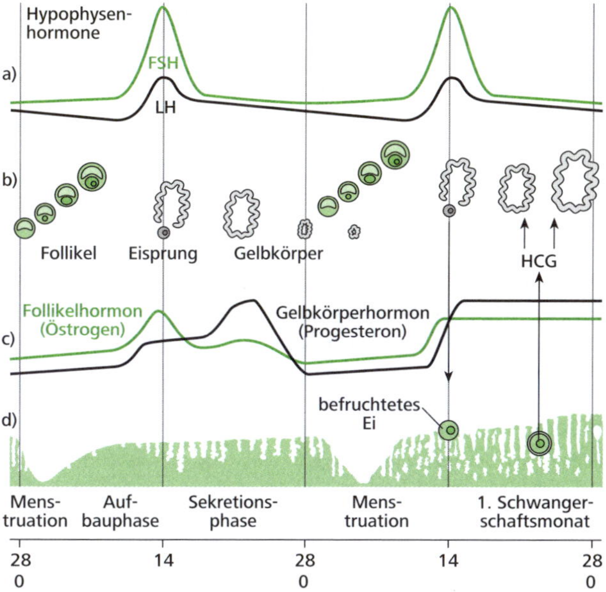

Zusammenspiel der Hormone beim Zyklus und zu Beginn der Schwangerschaft

a) Während des Zyklus von der Hypophyse gebildetes FSH (follikelstimulierendes Hormon) und LH (lutenisierendes Hormon)
b) Der Follikel reift heran, es kommt zum Eisprung und zur Gelbkörperbildung
c) Östrogen- und Progesteronbildung im Eierstock
d) Heranwachsen der Gebärmutterschleimhaut, Schleimhautabstoßung und Regelblutung bzw. Schwangerschaft

▶ **ÜBERLEGE** Nenne die Bedeutung des Testosterons für den Mann.
Wie wird der Eireifezyklus gesteuert?

Geschlechtsverkehr und Befruchtung

Bei der geschlechtlichen Vereinigung von Mann und Frau kommt es beim Mann zur Ausstoßung von Samenflüssigkeit mit Spermien. Trifft ein Spermium auf eine befruchtungsfähige Eizelle, dringt der Kopfteil durch die Zellmembran der Eizelle. Unmittelbar danach verändert sich die Zellmembran der Eizelle so, dass keine weiteren Spermien eindringen können. Die Zellkerne von Samenzelle und Eizelle verschmelzen, die *Befruchtung* ist vollzogen. Väterliches und mütterliches Erbgut zusammen steuern die Entwicklung des neuen Individuums.
Zwillinge: *Zweieiige Zwillinge* entstehen, wenn gleichzeitig zwei Eizellen heranreifen und befruchtet werden. Zweieiige Zwillinge sind sich so ähnlich wie andere Geschwister auch.
Eineiige Zwillinge entstehen aus derselben befruchteten Eizelle. Nach den ersten Zellteilungen kommt es nochmals zu einer vollständigen Teilung des Keims. Jeder Keim hat dann die gleichen Erbanlagen und damit auch das gleiche Geschlecht. Eineiige Zwillinge haben große Ähnlichkeit miteinander.

Die Entwicklung von Embryo und Fetus

Gleich nach der Befruchtung laufen die ersten Zellteilungen ab. Der *Keim* wandert weiter in Richtung Gebärmutter. Dort lagert er sich an die Gebärmutterschleimhaut an, er nistet sich ein. Nach der *Einnistung* bilden sich um den Keim, der jetzt *Embryo* genannt wird, schützende Fruchthüllen.
Gebärmutterschleimhaut und Hüllzellen entwickeln sich zum *Mutterkuchen (Plazenta)*. Mit der Plazenta ist der Embryo über die Nabelschnur verbunden. Die Plazenta übernimmt den Versorgungsaustausch zwischen mütterlichem und kindlichem Blut: die Zufuhr von Sauerstoff und Nährstoffen sowie die Abgabe von Kohlenstoffdioxid und Abfallstoffen. Die Blutgefäße von

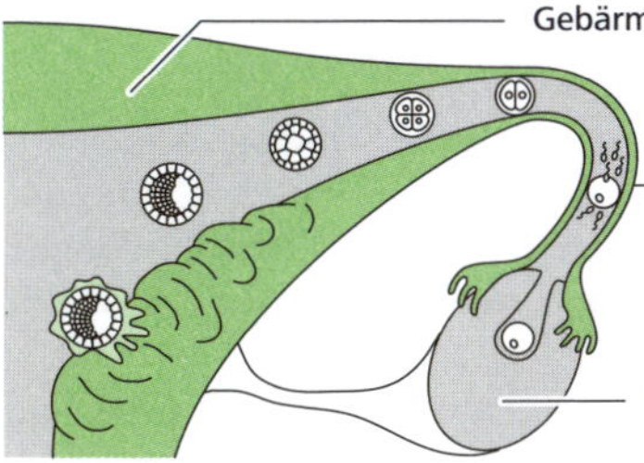

Befruchtung und Einnistung

Embryo und Mutter sind jedoch durch eine Membran getrennt (Plazentaschranke); es erfolgt kein Blutaustausch.
Nach dem dritten Monat sind alle Organe angelegt. Jetzt wird das im Mutterleib heranwachsende Kind *Fetus* genannt.

Schwangerschaft und Geburt

Die Schwangerschaft beginnt mit der Einnistung des Keims und dauert etwa 280 Tage. Während der Schwangerschaft bilden der Keim und die Gebärmutterschleimhaut das *Schwangerschaftshormon HCG (Human-Chorion-Gonadotropin)*. Dieses Hormon bewirkt, dass weiterhin Östrogen und Progesteron gebildet werden und die Gebärmutterschleimhaut erhalten bleibt, zugleich verhindert es die Bildung einer neuen befruchtungsfähigen Eizelle. Das Hormon HCG lässt sich im Urin der schwangeren Frau nachweisen. Schon wenige Tage nach Ausbleiben der Regelblutung kann damit eine Schwangerschaft sicher festgestellt werden. Die Milchdrüsen der Brust der Schwangeren werden auf Milchbildung eingestellt.
Die *Geburt* kündigt sich durch *Wehen* (Zusammenziehen der Gebärmuttermuskulatur) an, die immer stärker werden und das Kind schließlich nach außen drücken. Unmittelbar nach der Geburt wird die Nabelschnur durchtrennt. Jetzt muss das Neugeborene selbst atmen. Etwa eine halbe Stunde nach der Geburt wird die Plazenta als *Nachgeburt* ausgestoßen.

Methoden der Empfängnisverhütung

Die verschiedenen Methoden der Empfängnisverhütung bieten unterschiedlich sicheren Schutz vor einer Schwangerschaft:

- Die hormonelle Verhütung mit der sogenannten *Pille*, bei der ein Eisprung verhindert wird, ist bei vorschriftsmäßiger Anwendung sehr sicher. Eine regelmäßige Kontrolle durch den Arzt ist wichtig.
- Die Verhütung mit *Kondomen* ist bei richtiger Anwendung sicher. Gleichzeitig bieten Kondome Schutz vor einer Ansteckung mit HIV (Aids) und Geschlechtskrankheiten.
- Eine *Spirale (Intrauterinpessar)* muss der Frauenarzt einsetzen, sie bietet je nach Typ der Spirale unterschiedliche Verhütungssicherheit.
- Eine *Muttermundkappe (Diaphragma)* muss vom Arzt eingepasst werden. Sie ist wie die chemische Verhütung mit Zäpfchen, Cremes oder Sprays nur bedingt sicher.
- Als *natürliche Empfängnisverhütung* werden Methoden bezeichnet, bei denen während der fruchtbaren Tage auf Geschlechtsverkehr verzichtet wird. Diese Methoden sind nicht sehr sicher.

Vom Säugling zum Kleinkind

Das Kleinkind braucht viel Liebe und Förderung, damit es sich körperlich und seelisch-geistig gesund entwickeln kann.

Ein *Neugeborenes* zeigt lebenssichernde *angeborene Verhaltensweisen* wie Saugen, Trinken, Schreien und Weinen. Merkmale des Säuglings wie sein Lächeln oder seine Körperproportionen lösen bei anderen Menschen Zuwendungsverhalten aus.

Bald spielen *Lernprozesse* eine immer wichtigere Rolle. Das Kind lernt sprechen, seinen Körper geschickt zu bewegen und erkundet seine Umwelt im Spiel. Mit etwa zwei Jahren sagt das Kind „ich“, es begreift seine eigene Existenz.

▶ **ÜBERLEGE** Welche Bedeutung haben Hormone für Sexualität und Fortpflanzung?

Lerncheck

Kapitel „Der Mensch"	O.K. ✓	Das muss ich noch mal lesen
Ich kann die Zusammensetzung der Nahrung benennen und im Hinblick auf eine ausgewogene Ernährung beurteilen.		S. 69–72
Ich kann Bau- und Betriebsstoffwechsel unterscheiden.		S. 69
Ich kann den Bau des menschlichen Verdauungssystems beschreiben und die Vorgänge bei der Verdauung erklären.		S. 72–75
Ich kann den Ablauf der Zellatmung beschreiben und die Bedeutung der Nährstoffe für die Energieumwandlung im Körper erläutern.		S. 75–77
Ich kann den Aufbau des Herz- und Kreislaufsystems beschreiben und die Transportfunktion des Blutes erklären.		S. 78–80
Ich kann die Bestandteile und die Aufgaben des Blutes angeben.		S. 80–82
Ich kann die Arbeitsweise des Atmungssystems und der Ausscheidungsorgane erläutern.		S. 83–85
Ich kann die Sinnesorgane des Menschen im Überblick darstellen.		S. 86–94
Ich kann den Aufbau des Auges beschreiben und den Zusammenhang zwischen Bau und Funktion erläutern.		S. 86–90
Ich kann Sinneszellen als Signalwandler beschreiben und erklären, wie elektrische Signale zum Zentralnervensystem weitergeleitet und dort ausgewertet werden.		S. 94–97
Ich kann das Hormonsystem des Menschen im Überblick darstellen.		S. 98, 99

Kapitel „Der Mensch“	O. K. ✓	Das muss ich noch mal lesen
Ich kann das Regelungsprinzip der Hormone aufzeigen.		S. 100, 101
Ich kann die verschiedenen Teile des Bewegungssystems nennen und am Beispiel der Muskulatur die Untergliederung in aufgabenspezifische Struktureinheiten (Kompartimentierung) verdeutlichen.		S. 101–107
Ich kann unterscheiden, welche Ursachen Krankheiten zugrunde liegen können.		S. 108, 109
Ich kann die Funktionsweise des Immunsystems und die Vorgänge bei der Immunisierung erläutern.		S. 109–112
Ich kann verschiedene Folgen eines Versagens der Körperabwehr zusammenfassen.		S. 113, 114
Ich kann die Bildung der Keimzellen beschreiben und die grundlegenden Vorgänge der Fortpflanzung des Menschen erläutern.		S. 114–118
Ich kann den Zusammenhang von Hormonausschüttung und Entwicklung während der Pubertät begründen.		S. 114–117
Ich kann die hormonellen Vorgänge beim Menstruationszyklus beschreiben.		S. 116, 117
Ich kann die Entwicklung von der Befruchtung bis zur Geburt aufzeigen.		S. 118, 119

Vererbung

Die Zellen aller lebenden Organismen enthalten ein genetisches Programm, das ihre Funktionen steuert und das bei jeder Zellteilung auf die beiden neu gebildeten Zellen übertragen wird. Die Vererbungslehre (Genetik) befasst sich mit der Struktur, Funktion und Weitergabe dieses genetischen Programms.

6.1 Klassische Genetik – Gesetzmäßigkeiten der Vererbung

GREGOR MENDEL (1822–1884) fand die Regeln der Vererbung. Mit seinen Kreuzungsexperimenten beginnt die wissenschaftliche Genetik. Reinerbigkeit der Versuchspflanzen, Beschränkung auf wenige, klar unterscheidbare Merkmale und statistische Auswertung der Ergebnisse führten zu seinem Erfolg.

Anlagen und Merkmale

Die sichere Kenntnis der folgenden Fachbegriffe erleichtert das Verständnis der Vererbungslehre:
Die einzelne Erbanlage für ein bestimmtes Merkmal wird **Gen** genannt. Die Varianten eines Gens, die seine Ausprägung bestimmen, bezeichnet man als **Allele**. Für die Ausprägung jedes **Merkmals** (z. B. Augenfarbe) sind zwei Allele zuständig, je eines von jedem Elternteil.
Die Erbanlage für ein Merkmal liegt in den **Körperzellen** doppelt vor, für jedes Merkmal sind also zwei Allele zuständig. Bei der Bildung der **Keimzellen** (↗ Meiose, S. 131) werden die doppelt vorliegenden Anlagen nach den Regeln des Zufalls getrennt, jede Keimzelle enthält nur eine Anlage für jedes Merkmal.

Das Erscheinungsbild eines Lebewesens heißt **Phänotyp**. Die Erbanlagen eines Lebewesens sind sein **Genotyp**.
Besitzt ein Lebewesen für ein Merkmal (z. B. Blütenfarbe) auf beiden homologen Chromosomen zwei gleiche Allele (z. B. für rot blühend), ist es für dieses Merkmal **reinerbig (homozygot)**.
Besitzt ein Lebewesen für ein Merkmal (z. B. Blütenfarbe) auf den homologen Chromosomen zwei verschiedene Allele (z. B. für rot und weiß blühend), ist es für dieses Merkmal **mischerbig (heterozygot)**.
Wenn bei mischerbigen Allelen ein Allel stets das andere Allel überdeckt und für die Ausprägung des Merkmals allein ausschlaggebend ist, wird es als **dominant** bezeichnet. Das Allel, das im Phänotyp *nicht* in Erscheinung tritt, nennt man **rezessiv** (unterdrückt).
Eine Kreuzung, bei der man den Erbgang zweier unterschiedlicher Merkmale berücksichtigt, nennt man **dihybrid**, im Gegensatz zur **monohybriden** Kreuzung, wo nur auf ein Merkmal geachtet wird.
Bei Kreuzungsversuchen bezeichnet man die Elterngeneration als **Parentalgeneration** (P), die erste Nachfolgegeneration als **erste Filialgeneration** (F_1) und die Nachkommen dieser als **zweite Filialgeneration** (F_2).

Die 1. mendelsche Regel: Uniformitätsregel

Mendel kreuzte eine reinerbig rot blühende Erbsensorte mit einer reinerbig weiß blühenden, indem er die Narbe der rot blühenden Pflanze mit dem Pollen (Blütenstaub) der weiß blühenden bestäubte, bei der er zuvor alle Staubblätter entfernt hatte. Säte er später die Samen der Elterngeneration aus und zog daraus neue Pflanzen heran, waren alle Pflanzen der *ersten Nachfolgegeneration* rot blühend. Auch die umgekehrte Kreuzung, bei der er Pollen einer rot blühenden Erbse auf die Narbe einer weiß blühenden brachte, ergab das gleiche Ergebnis: rot blühende Erbsen. Alle Individuen in der ersten Nachfolgegeneration waren stets untereinander gleich (uniform).

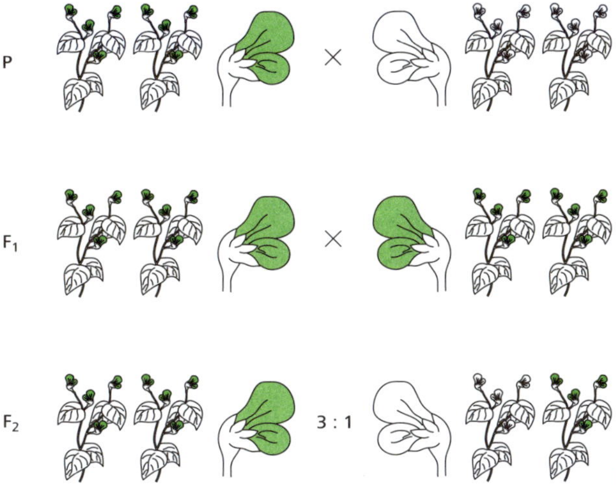

MENDELS Versuche mit Erbsen

Die **1. mendelsche Regel** heißt daher auch *Uniformitätsregel* und lautet: Kreuzt man Individuen, die sich in einem Merkmal reinerbig unterscheiden, so sind die Nachkommen in der F_1-Generation in Bezug auf dieses Merkmal gleich.

Die 2. mendelsche Regel: Spaltungsregel

MENDEL kreuzte die rot blühenden Erbsen der F_1-Generation untereinander und säte deren Samen wieder aus. Jetzt aber wuchsen außer rot blühenden auch weiß blühende Erbsen heran. Ihr Zahlenverhältnis war etwa 3 : 1.

Die **2. mendelsche Regel** heißt daher auch *Spaltungsregel* und lautet: Kreuzt man die in einem Merkmal uniformen, aber mischerbigen Individuen der F_1-Generation untereinander, so treten in der F_2-Generation die Merkmale der Elterngeneration (P-Generation) in einem bestimmten Zahlenverhältnis wieder auf.

Darstellung von Erbgängen

Es ist sinnvoll, Erbgänge immer in einem einheitlichen Kreuzungsschema aufzuschreiben. Die Abbildungen auf diesen Seiten geben dafür Beispiele, Seite 128 zeigt eine andere Möglichkeit.

Dominante Allele bezeichnet man dabei mit Großbuchstaben, rezessive mit Kleinbuchstaben. In der Legende (Zeichenerklärung) muss die Bedeutung der Buchstaben jeweils angegeben werden. Körperzellen werden immer eckig dargestellt, Keimzellen immer rund. Körperzellen besitzen immer zwei Allele, Keimzellen immer ein Allel.

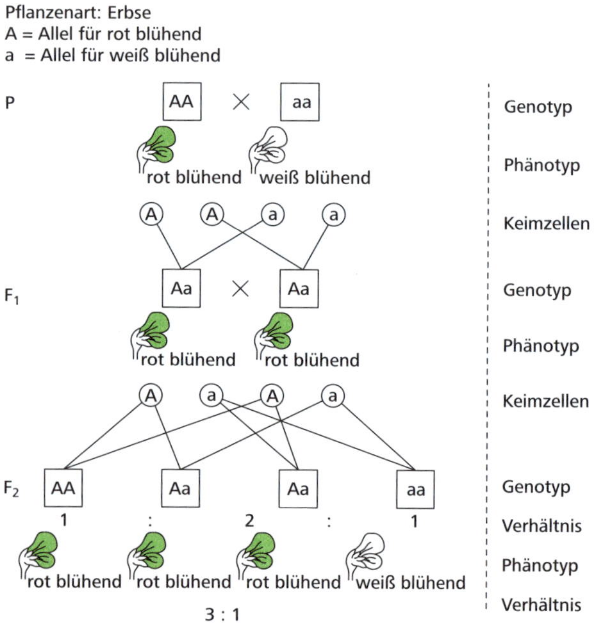

Dominant-rezessiver Erbgang

Intermediäre Vererbung

Bei manchen Genen unterdrückt kein Allel das andere, beide sind gleichwertig (kodominant) und prägen sich gleichermaßen aus. Kreuzt man z. B. Wunderblumen mit roten und weißen Blüten, erhält man in der F_1-Generation nur rosafarbene Blüten. Man spricht von einem *intermediären Erbgang.* Kreuzt man Wunderblumen der F_1-Generation untereinander, erfolgt bei der F_2-Generation eine Aufspaltung in rot, rosa und weiß blühend im Verhältnis 1 : 2 : 1.

Bei der *intermediären Vererbung* bezeichnet man die Allele mit unterschiedlichen Kleinbuchstaben.

Pflanzenart: Wunderblume
r = Allel für rot blühend
w = Allel für weiß blühend

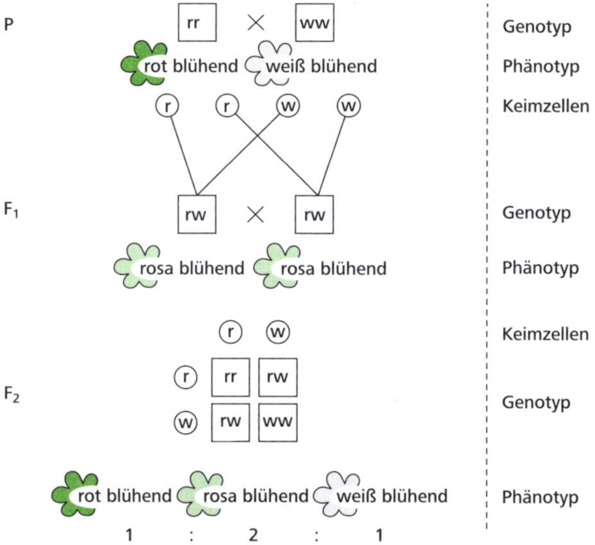

Intermediärer Erbgang bei der Wunderblume

Pflanzenart: Erbse

A = Allel für gelbe Samen
a = Allel für grüne Samen

B = Allel für runde Samen
b = Allel für kantige Samen

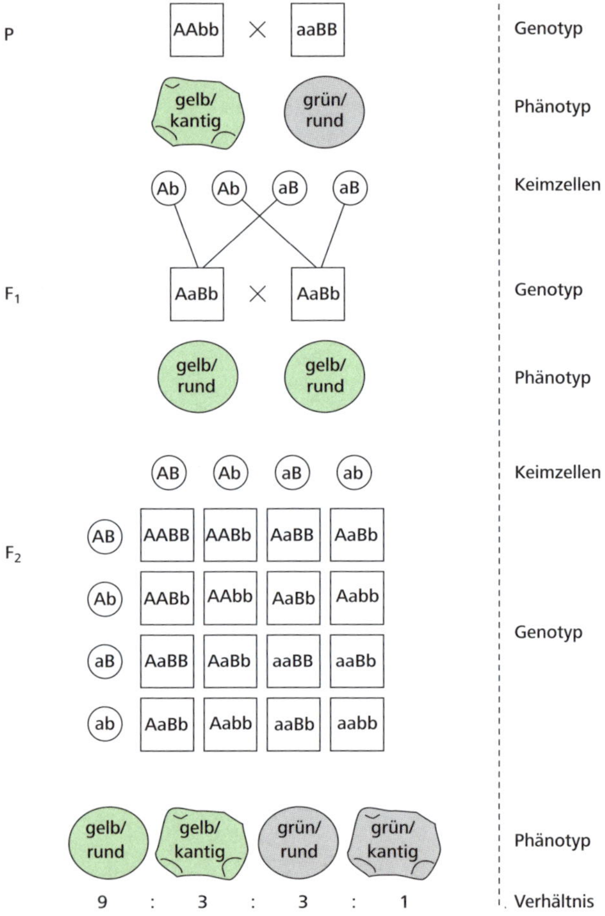

Dihybrider dominant-rezessiver Erbgang

Die 3. mendelsche Regel: Unabhängigkeitsregel

MENDEL führte auch Kreuzungen durch, bei denen er auf die Vererbung von zwei Merkmalspaaren achtete, z. B. die Form und Farbe der Erbsensamen. Eine Erbsensorte hatte gelbe und kantige Samen, die andere grüne und runde Samen.
In der F_1-Generation traten uniform nur gelbe runde Samen auf. Gelb war also dominant über grün, rund über kantig.
In der F_2-Generation traten Samen auf mit den Merkmalskombinationen gelb/rund, gelb/kantig, grün/rund sowie grün/kantig, und zwar im Zahlenverhältnis 9 : 3 : 3 : 1.
Die Sorte mit grünen kantigen Samen war neu, die Erbanlagen für die Samenfarbe und die für die Samenform hatten sich also unabhängig voneinander neu kombiniert (↗ Abb. S. 128).
Die **3. mendelsche Regel** heißt daher auch *Unabhängigkeitsregel* oder *Regel von der Neukombination der Gene* und lautet: Kreuzt man zwei Individuen (P-Generation), die sich in mehreren Merkmalen reinerbig unterscheiden, so treten in der F_2-Generation die einzelnen Merkmale unabhängig voneinander vererbt und neu kombiniert auf.
Die von MENDEL entdeckten Vererbungsregeln gelten für alle Lebewesen. Da aber viele Gene auf ein und demselben Chromosom liegen, werden diese Erbanlagen nicht unabhängig voneinander, sondern miteinander gekoppelt vererbt (↗ S. 134).

Rückkreuzung

Will man wissen, ob ein Lebewesen in einem bestimmten Merkmal reinerbig dominant (AA) oder mischerbig (Aa) ist, führt man eine *Rückkreuzung* durch. Hierfür wählt man einen Kreuzungspartner, bei dem das entsprechende Merkmal reinerbig rezessiv (aa) vorliegt (↗ Abb. S. 130). Sind alle Individuen der F_1 entsprechend der 1. mendelschen Regel gleich (uniform), so ist das zu testende Lebewesen in Bezug auf das beobachtete Merkmal reinerbig dominant. Spalten sich bei der Rückkreuzung die Individuen der F_1 im Verhältnis 1 : 1 auf, so ist das zu testende Lebewesen in Bezug auf das beobachtete Merkmal mischerbig.

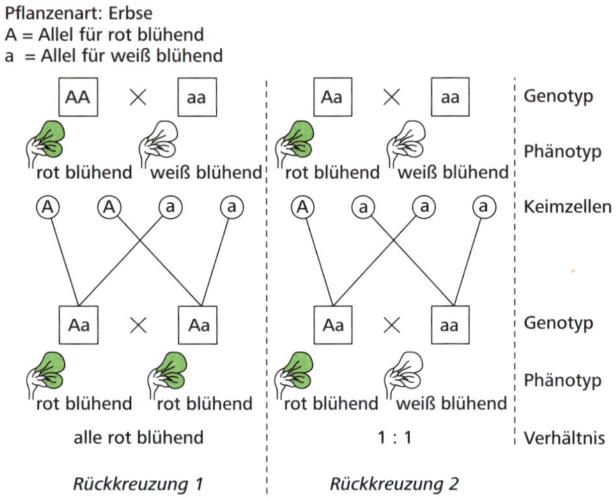

Rückkreuzung 1 und Rückkreuzung 2 (Kontrollversuch)

6.2 Chromosomen und Vererbung

Chromosomen sind die Träger der Erbanlagen. Sie bestehen aus einem langen *DNA-Faden* (↗ S. 140) und stabilisierenden *Proteinen (Histone)*. Die Gesamtheit aller Chromosomen in der Zelle ist der *Chromosomensatz*. Die Anzahl und Form der Chromosomen sind artspezifisch.

Diploider und haploider Chromosomensatz: In den Körperzellen der meisten Lebewesen liegen die Chromosomen paarweise vor. Die Zellen haben einen d*iploiden (2n) Chromosomensatz*. Die Keimzellen sind in der Regel *haploid (n)*.

Homologe Chromosomen: Ein Chromosom jedes Chromosomenpaares ist väterlichen, das andere mütterlichen Ursprungs. Jedes Chromosomenpaar entspricht sich in der Struktur und der Anordnung der Gene – man nennt sie *homolog*. Eine Ausnahme bilden die Chromosomen, die die Gene zur Geschlechtsbestimmung tragen *(Geschlechtschromosomen)*. Sie werden als *Gonosomen* bezeichnet, die übrigen Chromosomen als *Autosomen*. Die Allele homologer Chromosomen sind jedoch oft nicht identisch, sondern liegen mischerbig (heterozygot) vor (↗ S. 124).

Reifeteilung (Meiose)

Eine besondere Form der Zellteilung stellt die *Meiose* dar. Denn als Vorbereitung für eine spätere Befruchtung müssen Keimzellen mit einfachem Chromosomensatz erzeugt werden, damit bei der Vereinigung von männlicher und weiblicher Keimzelle wieder ein normaler doppelter Chromsomensatz entsteht. Die Meiose liefert also Keimzellen (Geschlechtszellen, Gameten) mit einfachem (haploidem) Chromosomensatz.

Die entscheidenden Unterschiede zur Mitose sind:

- Die Meiose erfolgt in zwei Teilungsschritten, der 1. und 2. Reifeteilung (↗ Abb. S. 132).
- Bei der 1. Reifeteilung (Reduktionsteilung) werden nicht die Chromatiden auf die Tochterzellen verteilt, sondern jeweils die homologen Chromosomen. Der diploide Chromosomensatz (2n) wird dadurch auf die Hälfte reduziert, also haploid (n).
- Bei der anschließenden 2. Reifeteilung werden die beiden Chromatiden (Schwesterchromatiden) getrennt. Dies entspricht einer mitotischen Teilung.

Aus den beiden Teilungsschritten gehen insgesamt vier haploide Keimzellen hervor.

Interchromosomale Rekombination: Bei der 1. Reifeteilung der Meiose werden die vom Vater und von der Mutter geerbten homologen Chromosomen nach dem Prinzip des Zufalls auf die beiden Pole verteilt. Dadurch wird das Erbgut in den Keimzellen neu kombiniert (Rekombination).

Intrachromosomale Rekombination: Eine weitere Möglichkeit zur Neukombination des Erbgutes besteht während der vorausgehenden Paarbildung der homologen Chromosomen (↗ Abb. S. 132). In dieser Phase kann es bei nebeneinanderliegenden homologen Chromosomen zu einem Bruch von Chromosomenstücken zweier Nichtschwesterchromatiden kommen, wobei die Bruchenden anschließend über Kreuz verheilen. Die Überkreuzung (*Chiasma*) ist im Lichtmikroskop zu erkennen und führt zum Stückaustausch zwischen mütterlichem und väterlichem Chromosom (*Crossing-over*).

Bildung von Spermien und Eizellen (↗ S. 116). Die Kernteilung der Meiose läuft bei der Bildung von männlichen und weiblichen Keimzellen gleich ab, die Teilung des Zellplasmas verschieden.

1. Reifeteilung

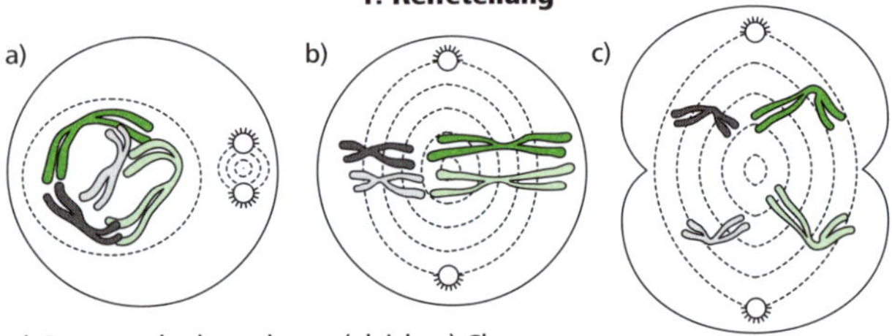

a) Paarung der homologen (gleichen) Chromosomen
b) Die Chromosomenpaare ordnen sich in der Zellmitte an
c) Trennung der Chromosomenpaare: Reduktion

2. Reifeteilung

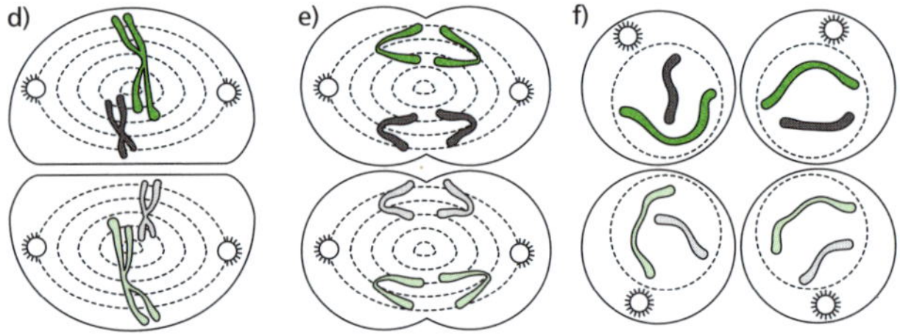

d) Die Chromosomen ordnen sich in der Zellmitte an
e) Trennung der Chromatiden
f) Vier Keimzellen mit haploidem Chromosomensatz (Chromatidensatz) entstehen

Meiose (vereinfachend sind nur zwei statt 23 Chromosomenpaare abgebildet)

- Bei der Bildung der *männlichen Keimzellen* wird das Zellplasma jeweils in der Zellmitte geteilt. Vier gleichgroße haploide Spermien entstehen.
- Bei der Bildung der *weiblichen Eizelle* entstehen eine große zellplasmareiche haploide Eizelle und drei winzige haploide Polkörperchen, die bald absterben.

Bei der Befruchtung verschmelzen die Zellkerne von Eizelle und Samenzelle. Aus zwei haploiden Keimzellen entsteht die diploide Zygote.

Geschlechtsbestimmung

Das Geschlecht von Tier und Mensch wird in der Regel durch Gene auf besonderen Geschlechtschromosomen festgelegt (genotypische Geschlechtsbestimmung). Meist liegen bei weiblichen Tieren die Geschlechtschromosomen homozygot vor, bei männlichen Tieren heterozygot.

Beim Mensch und bei den Säugetieren bestimmt das Y-Chromosom die Ausbildung der männlichen Geschlechtsmerkmale. Verschmelzen bei der Befruchtung eine Eizelle und ein Spermium, das ein Y-Chromosom trägt, entsteht eine männliche Zygote. Verschmelzen Eizelle und ein Spermium mit einem X-Chromosom, entwickelt sich eine weibliche Zygote. Da die Anzahl der Spermien mit X- und Y-Chromosom gleich ist, liegt das Geschlechterverhältnis bei etwa 1 : 1.

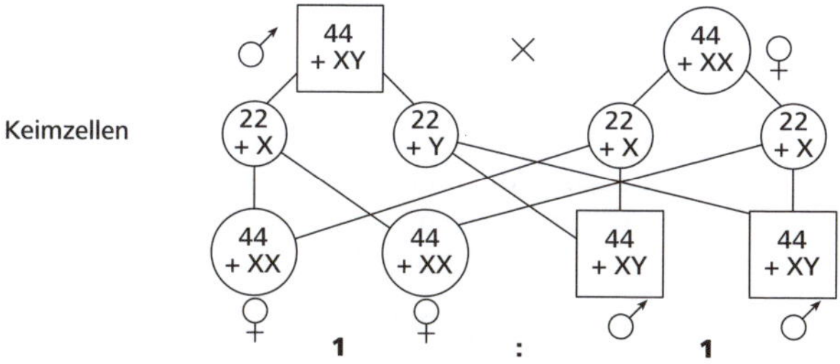

Genotypische Geschlechtsbestimmung bei Menschen

Als Sonderfall wirken bei manchen Lebewesen auch Umweltbedingungen auf die Festlegung des Geschlechts ein (z. B. Temperatur).

Kopplung von Genen

Auf jedem Chromosom liegen zahlreiche Gene. Da Gene auf demselben Chromosom gemeinsam (gekoppelt) vererbt werden, kommt es zu einer Einschränkung der 3. mendelschen Regel. Durch *Crossing-over* können Gene aber entkoppelt und neu kombiniert werden.
Die Anordnung der Gene auf einem Chromosom kann als *Genkarte* sichtbar gemacht werden.

▶ **ÜBERLEGE** In Körperzellen sind die Chromosomen paarweise (diploid), in Keimzellen nur in Einzahl (haploid) vorhanden. Welche Annahmen MENDELS über das Verhalten der Erbanlagen bei den Kreuzungsversuchen bestätigt dieser Sachverhalt? – Welcher Vorgang bei der Meiose begründet die Regel von der Neukombination der Gene (3. mendelsche Regel)?
Die befruchtete Eizelle teilt sich unzählige Male, bis ein ausgewachsener Mensch entstanden ist; alle Körperzellen eines Menschen enthalten die vollständige Erbinformation. Durch welche Teilschritte bei der Mitose ist dies sichergestellt?

6.3 Methoden und Erkenntnisse der Humangenetik

Die *Humangenetik* erforscht die Vererbung beim Menschen auf verschiedenen Ebenen. Mit molekularbiologischen Methoden wird die DNA analysiert, Chromosomen werden mit zellbiologischen Verfahren untersucht. Da sich Kreuzungsversuche beim Menschen ausschließen, verfolgt man die Weitergabe der Erbanlagen durch statistische Erhebungen in der Bevölkerung sowie durch Familien- und Zwillingsforschung.

Massenstatistik

Statistische Zahlenwerte über das Auftreten bestimmter Merkmale in Familien oder Bevölkerungsgruppen geben Hinweise auf die Art der Vererbung dieser Merkmale.

Vererbung der Blutgruppen: Die Vererbung der Blutgruppen A, B, AB und 0 folgt den mendelschen Regeln (nicht gekoppelter Erbgang). Das Gen für die Blutgruppe liegt in drei verschiedenen Allelen vor (A, B und 0). Jeder Mensch hat jedoch für seine Blutgruppe nur zwei Allele.

Eine weitere Besonderheit des AB0-Systems liegt darin, dass die Allele A und B gleich stark ausgeprägt sind: Im Genotyp AB sind sie *kodominant*, gegenüber dem Allel 0 verhalten sie sich *dominant*. Die vier Phänotypen A, B, AB und 0 können demnach sechs verschiedene Genotypen sein.

▶ **ÜBERLEGE** Erläutere die Begriffe Erbanlage und Merkmal am Beispiel der Blutgruppen.

Blutgruppen (Phänotyp)	mögliche Genotypenhäufigkeit in Mitteleuropa		mögliche Keimzellen
A	AA	31 %	nur A
	A0	11 %	A oder 0
B	BB	1 %	nur B
	B0	14 %	B oder 0
AB	AB	6 %	A oder B
0	00	37 %	nur 0

mögliche Kombinationen elterlicher Allele

	A	B	0
A	AA	AB	A0
B	AB	BB	B0
0	A0	B0	00

Genotypen der Nachkommen

Vererbung der Blutgruppen

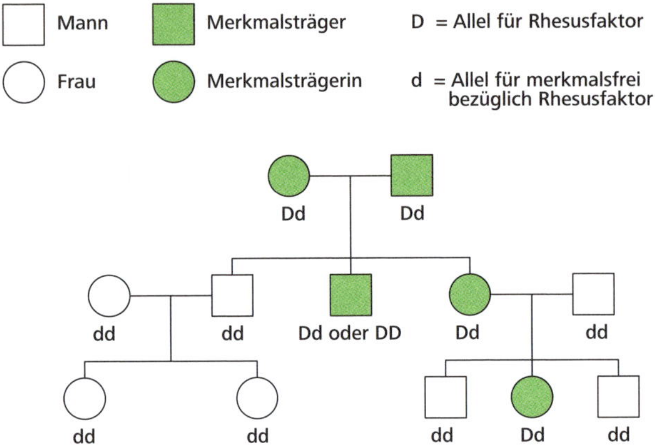

Erbgang Rhesusfaktor

Rhesusfaktor: Bei mehr als 80 % der Europäer befindet sich auf den roten Blutkörperchen ein bestimmtes Protein, das Antigen D, sie sind *rhesuspositiv*. Das Allel für den Rhesusfaktor verhält sich dominant, diese Menschen haben also den Genotyp DD oder Dd. Menschen, denen dieses Antigen fehlt, sind *rhesusnegativ*, ihr Genotyp ist dd. Hat eine rhesusnegative Mutter bereits ein rhesuspositives Kind bekommen, können bei weiteren Schwangerschaften rhesuspositive Kinder geschädigt werden, wenn sich im Blut der Mutter Antikörper gegen den Rhesusfaktor gebildet haben.

Familienforschung oder Stammbaumforschung

Tritt ein Merkmal in einer Familie über Generationen hinweg gehäuft auf, kann man vermuten, dass es erblich ist. Beispiele:
Albinismus: Das Fehlen von Pigmenten in der Haut bezeichnet man als Albinismus. Der Stammbaum einer Familie zeigt, dass die Kinder von merkmalsfreien Eltern Albinos sein können. Die Eltern müssen also die entsprechenden Erbanlagen besitzen, das Albinoallel verhält sich rezessiv.

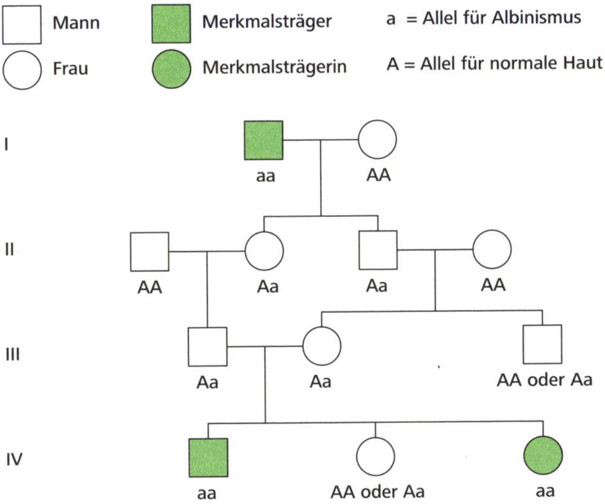

Rezessiver Erbgang: Albinismus

Rezessive Anlagen können über viele Generationen hinweg verborgen bleiben. Erst wenn zwei rezessive Allele zusammenkommen, treten sie phänotypisch in Erscheinung.
Bei Verwandtenehen ist die Wahrscheinlichkeit erhöht, dass die Partner dieselben rezessiven Anlagen besitzen. Damit ist auch die Wahrscheinlichkeit für das Auftreten rezessiv vererbter Krankheiten höher. Aus diesem Wissen heraus sind Ehen unter engen Verwandten in so gut wie allen Kulturen nicht erlaubt.
Erbliche Kurzfingrigkeit: Bei dieser Krankheit sind Fingerknochen erblich verkürzt. Das Allel für Kurzfingrigkeit ist dominant, das Allel für Normalhand ist rezessiv.

▶ **ÜBERLEGE** Beim rezessiven Erbgang Albinismus (↗ Abb. oben) hat das gesunde Paar 7 + 8 (in Leserichtung durchgezählt) gesunde und kranke Kinder, beim dominanten Erbgang Kurzfingrigkeit (↗ Abb. S. 138) sind Kinder von gesunden Eltern

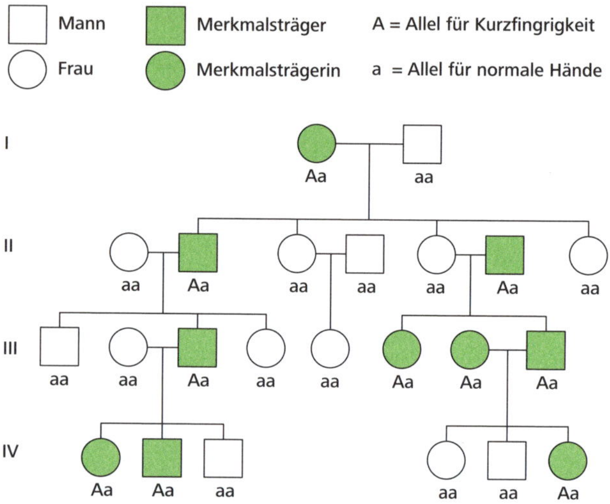

Dominanter Erbgang: Kurzfingrigkeit

immer merkmalsfrei. Begründe.
Beim Erbgang der Kurzfingrigkeit hat das Paar 16 + 17 (beide mit Kurzfingrigkeit) gesunde und kranke Kinder. Wäre das bei einem Paar, wo beide Albinismus haben, ebenso?

Erbanlagen auf Geschlechtschromosomen: Die Erbanlagen für die Unterscheidung von Grün und Rot liegen auf dem X-Chromosom. Rot-Grün-Verwechslung wird rezessiv vererbt. Da Frauen zwei, Männer nur ein X-Chromosom besitzen, wirkt sich die X-chromosomale Vererbung bei ihnen verschieden aus.

- Männer sind Rot-Grün-Verwechsler, wenn sie von ihrer Mutter das rezessive Allel vererbt bekommen.
- Frauen sind bei einem rezessiven Allel auf nur einem X-Chromosom merkmalsfrei, können die Anlage aber als *Konduktorin* übertragen. Frauen sind nur dann Rot-Grün-Verwechsler, wenn beide X-Chromosomen das rezessive Allel tragen.

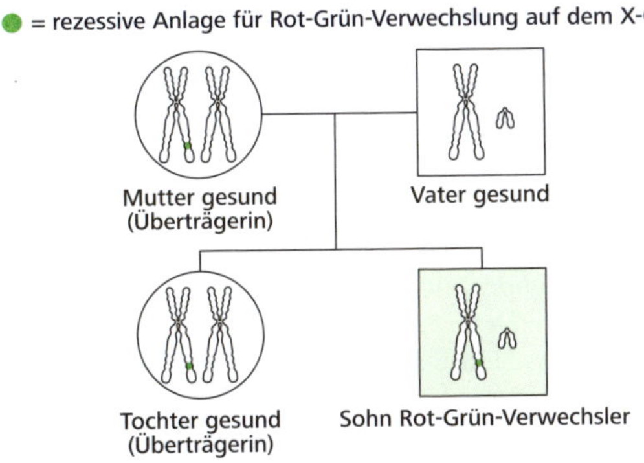

Erbgang: Rot-Grün-Verwechslung

Die Bluterkrankheit ist ein weiteres Beispiel für eine *X-chromosomal rezessive Erbkrankheit*. Zu den *X-chromosomal dominanten Erbkrankheiten* zählen Verwachsungen im Mundbereich und Vitamin-D-resistente Rachitis.

▶ **ÜBERLEGE** Rund 8 % aller Männer sind Rot-Grün-Verwechsler. Bei Frauen kommt dies sehr viel seltener vor. Wie lässt sich das erklären?

Zwillingsforschung

Eineiige Zwillinge haben im Unterschied zu zweieiigen den gleichen Genotyp (↗ S. 124). Auf ihre Entwicklung wirken aber Umwelteinflüsse ein, wobei manche Merkmale wie Augenfarbe und Blutgruppe umweltstabil sind. Merkmale, die nur bei einem der beiden eineiigen Zwillingen vorkommen, sind nicht erblich, sondern umweltbedingt. Besonders der Vergleich von getrennt und gemeinsam aufgewachsenen eineiigen Zwillingen lässt Rückschlüsse zu, wie die Umwelt körperliche und geistige Merkmale beeinflusst.

6.4 Molekulargenetik

DNA

Desoxiribonukleinsäure (kurz DNS oder engl. DNA) ist die Erbsubstanz aller Lebewesen. Sie speichert die Erbinformation in der Abfolge von vier verschiedenen Basen.
Jedes DNA-Molekül setzt sich aus vielen Bauteilen gleicher Struktur, den *Nukleotiden*, zusammen. Diese Nukleotide enthalten alle den Zucker *Desoxiribose*, eine *Phosphatgruppe* sowie eine der *vier Basen* Adenin, Thymin, Guanin und Cytosin.
Viele Nukleotide sind zu einem langen Strang (Polynukleotid) verknüpft, zwei Stränge wiederum zu einem Doppelstrang, der sich ähnlich einer Wendeltreppe schraubig um sich selbst windet. Die Verbindung der beiden Einzelstränge erfolgt über einander gegenüberliegende (komplementäre) Basen. Aufgrund ihrer Molekülstruktur verbinden sich immer nur Adenin mit Thymin und Cytosin mit Guanin.
Identische Replikation: In der Interphase des Zellzyklus, also vor jeder Zellteilung (Mitose), findet eine Verdopplung der DNA

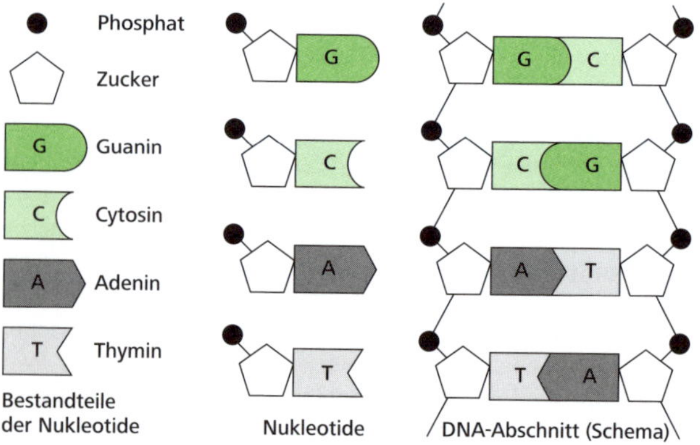

Bestandteile der DNA

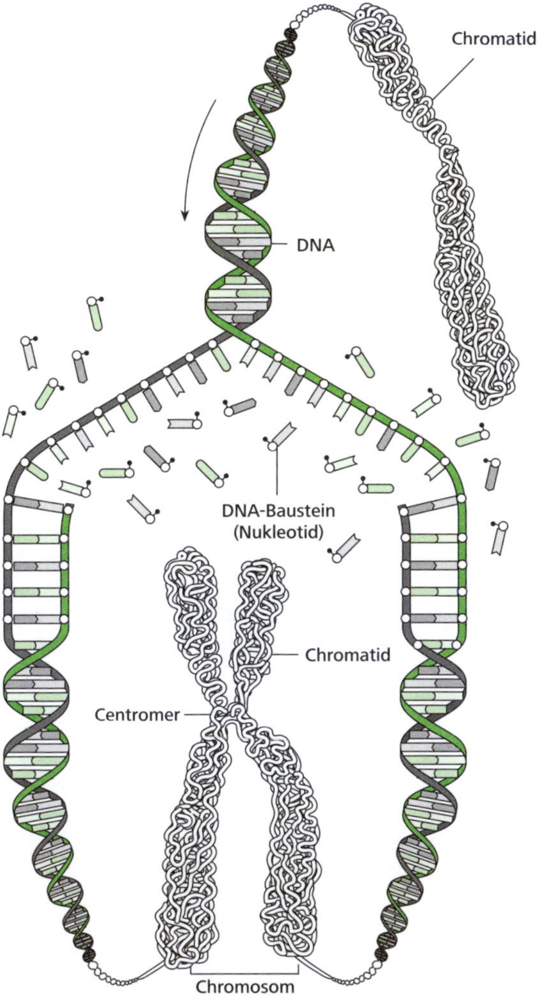

Aufbau und Verdopplung der DNA

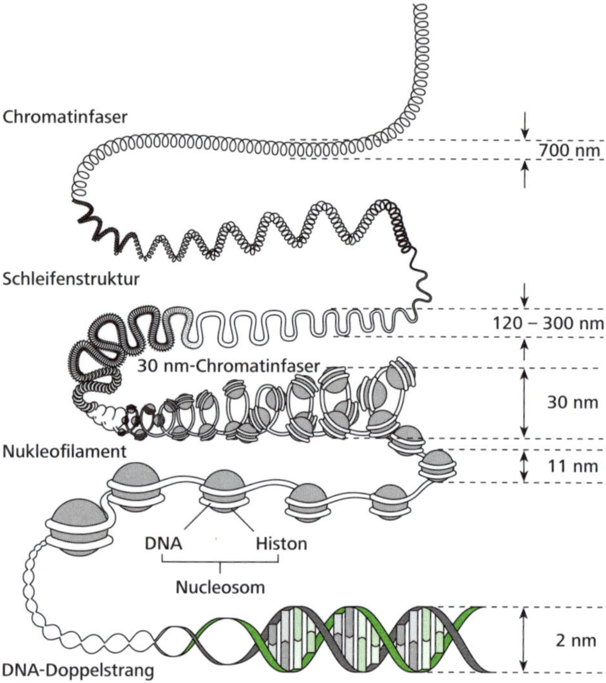

Vom DNA-Faden zum Chromosom

(Replikation) statt. Dabei öffnet sich der DNA-Doppelstrang an der Bindungsstelle zwischen den Basen. An jedem Einzelstrang lagern sich nun neue Nukleotide passend zur Vorlage an. Am Ende der DNA-Verdopplung sind zwei völlig identische DNA-Doppelstränge entstanden (identische Replikation).

Chromosomen und Gene: Die DNA ist um kugelförmige Proteine (*Histone*) gewickelt und bildet zusammen mit diesen einen Chromatinfaden, der wie eine Perlenkette strukturiert ist. In der entspiralisierten Form ist der Chromatinfaden lichtmikros-

kopisch nicht zu erkennen. Zur Zellteilung (Mitose) verdrillt und spiralisiert sich der Chromatinfaden und wird als Chromosom erkennbar.
Jeweils ein bestimmter Abschnitt der DNA mit einer kennzeichnenden Reihenfolge der Basen (genetischer Code) entspricht einem Gen (Erbanlage).

▶ **VERNETZUNG** Mitose, S. 59

Vom Gen zum Merkmal – die Proteinbiosynthese

In der DNA ist die Erbinformation verschlüsselt. Die unterschiedliche Reihenfolge der vier Basen eines bestimmten DNA-Abschnitts bestimmt, welches Merkmal ausgebildet wird.
Die Übersetzung der Information in ein Merkmal erfolgt über Proteine (Eiweiße). Proteine sind entweder selbst Merkmale oder steuern als Enzyme den Stoffwechsel. Die Grundbausteine dieser Proteine sind 20 verschiedene Aminosäuren.
Die Schritte zur Ausbildung eines Merkmals im Einzelnen:

1. Transkription (Umkopieren): Im Zellkern wird von der DNA eine einsträngige Kopie der Erbinformation erstellt (↗ Abb. S. 144). Dieses Molekül heißt Boten-RNA (messenger-RNA).
2. Translation (Übersetzen): Diese Boten-RNA lagert sich im Zellplasma an ein Ribosom an. Kürzere Transport-RNA-Moleküle bringen Aminosäuren zum Ribosom. Jede der 20 verschiedenen Aminosäuren besitzt ihre eigene Transport-RNA. Die Basenabfolge der Boten-RNA bestimmt die Anlagerung der Transport-RNA und damit die Reihenfolge der Aminosäuren.
3. Struktur der Proteine (Eiweiße): Die Aminosäuren werden zu Aminosäureketten verknüpft. Ein Proteinmolekül besteht aus etwa 100 bis 1000 Aminosäuremolekülen. Anzahl und Reihenfolge der Aminosäuren bestimmen die Struktur des Proteins.
4. Aufgaben der Proteine: Merkmale können nur ausgeprägt werden, wenn ihre Erbinformation in Proteine übersetzt wird. Proteine sind Bau- und Betriebsstoffe der Zellen. Besonders wichtig sind sie als Enzyme, die den Stoffwechsel der Zelle und damit die Ausprägung von Merkmalen steuern.

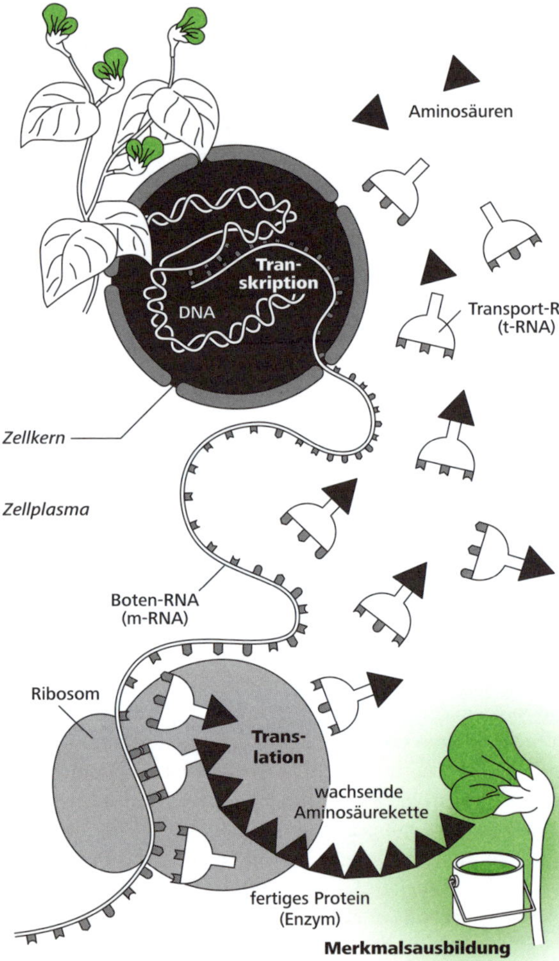

Vom Gen zum Merkmal

Der Genetische Code: Gene steuern und kontrollieren jedes Merkmal des Körpers. Die Grundbausteine der genetischen Information sind die vier Basen Cytosin, Guanin, Thymin und Adenin. Je drei Basen bilden eine Informationseinheit (Triplett), denn sie werden in Dreiergruppen an die Transport-RNA angelagert. Die Kombination von drei Basen hintereinander ergibt $4^3 = 64$ Möglichkeiten, um 20 verschiedene Aminosäuren zu verschlüsseln (codieren). Der *genetische Code*, also der Schlüssel für die Übertragung der genetischen Information von der DNA auf die Proteine, ist universell, das heißt für alle Lebewesen, gültig.

▶ **ÜBERLEGE** Vergleiche die DNA-Schrift mit der Buchstabenschrift: Gibt es Entsprechungen für Wörter, Sätze, Bücher und Bibliotheken?
In welcher Phase des Lebenszyklus einer Zelle wird die DNA transkribiert, wann repliziert?

Mutationen

Mutationen sind Veränderungen des Erbgutes. Sie können jede Zelle betreffen. Doch nur wenn Keimzellen betroffen sind, können Mutationen vererbt werden.
Genmutation: Eine Veränderung der Basenfolge der DNA kann zum Einbau einer falschen Aminosäure in das Proteinmolekül führen. Soll das Protein als Enzym wirken, kann es nun wirkungslos sein. Beim Menschen entsteht bei der Erbkrankheit *Phenylketonurie* durch eine solche Genmutation ein fehlerhaftes Enzym, was zu einer Störung des Eiweißstoffwechsels führt.
Chromosomenmutation: Brechen Chromosomen, können Stücke davon verlorengehen, bestimmte Gene können ausfallen. So ist die Ursache des sog. Katzenschreisyndroms der Verlust eines Abschnitts von Chromosom 5, der lebensbedrohlich sein kann.
Genommutation: Durch Fehler bei der Chromosomenverteilung während der 1. Reifeteilung der Meiose kann es zu überzähligen Chromosomen oder zum Fehlen von Chromosomen kommen, das Erbgut *(Genom)* ist verändert.

Bei der Erbkrankheit *Trisomie 21* (Downsyndrom) liegt das Chromosom Nr. 21 dreifach vor, ein Chromosom ist also überzählig. Die körperlichen und geistigen Fähigkeiten der Betroffenen sind stark eingeschränkt. Aufgrund der Schrägstellung des oberen Augenlides wurde die Krankheit früher auch als Mongolismus bezeichnet.
Eine Genommutation kann auch die Geschlechtschromosomen betreffen. Ein Mädchen mit einem Chromosomensatz von 44 + XXX bleibt in der geistigen Entwicklung zurück (Turnersyndrom) und ist meist unfruchtbar. Ein Junge mit 44 + XXY kann keine Spermien bilden (Klinefeltersyndrom).
Auslöser für Mutationen (Mutagene): Mutationsauslösend können neben energiereichen Strahlen wie UV-Strahlung, Röntgen- und radioaktive Strahlung auch eine Reihe von Chemikalien sein. Selbst der normale Alterungsprozess löst Mutationen aus. Die meisten Mutationen werden durch Reparatursysteme der Zelle korrigiert, sodass trotz einer hohen Mutationsrate die Auswirkungen im Phänotyp eher gering sind.
Während Mutationen für das Individuum sehr ungünstig sein können, spielen sie in der Evolution eine wichtige Rolle. Denn durch sie entstehen neue Merkmale, die zu einer besseren Anpassung an Umweltbedingungen führen können.
▶ **VERNETZUNG** Evolution, S. 196

Modifikationen

Die Ausprägung der Merkmale durch die Gene kann innerhalb bestimmter Grenzen von der Umwelt beeinflusst werden (z. B. die Ausbildung der Baumkrone je nach Lichtmenge). Solche individuell erworbenen, nicht erblichen Varianten des Phänotyps werden als *Modifikationen* bezeichnet. Bei einer Modifikation verändern die Umweltfaktoren nicht die Erbinformation, sondern innerhalb einer genetisch festgelegten Bandbreite die Merkmalsausbildung. Die Variationsbreite (Reaktionsnorm) ist erblich festgelegt, die tatsächliche Variabilität beruht auf Umwelteinflüssen.

6.5 Angewandte Genetik

Kulturpflanzen und Nutztiere, die von Wildarten aus den verschiedensten Teilen der Erde abstammen, sichern unsere Ernährung. Ihre typischen Merkmale (z. B. hoher Ertrag, Lagerfähigkeit) entstanden durch Züchtung. Zur Züchtung zählen auch Maßnahmen, die dazu dienen, diese Eigenschaften zu erhalten oder weiter zu verbessern (Ertragssteigerung, Qualitätsverbesserung oder Erhöhung der Widerstandsfähigkeit).

Klassische Züchtungsmethoden

Auslesezüchtung: Pflanzen und Tiere mit den gewünschten Merkmalen werden ausgewählt und zur Fortpflanzung gebracht. Bei vegetativer Vermehrung ist die Individualauslese rasch erfolgreich, da alle Individuen erbgleich sind. Beispiele: Getreide- und Kartoffelzucht.

Kombinationszüchtung: Hierbei werden gewünschte Merkmale im Sinne der mendelschen Regeln gezielt kombiniert. Häufig erreicht man die erwünschte reinerbige Merkmalskombination durch Inzucht über mehrere Generationen. Beispiele: Panzerweizen (Kombination: Winterhärte und Ertragssteigerung), Süßlupine (Kombination: feste Hüllen und Fehlen von Bitterstoffen).
Hybrid- oder Heterosiszüchtung: Sie beruht darauf, dass bei der Kreuzung zweier nahezu reinerbiger Inzuchtlinien die nun mischerbige F_1-Generation (F_1-Hybriden) eine auffallende Mehrleistung erbringt (Heterosiseffekt). Beispiele: Hybridmaiszucht und Hybridschweinezucht.

Moderne Verfahren der Züchtung

Mutationszüchtung: Hier werden Mutationen (↗ S. 145) durch mutagene Substanzen oder Röntgenstrahlen experimentell ausgelöst. Unter den zahlreichen Mutanten gibt es auch wenige, die gewünschte Merkmalsänderungen zeigen und die deshalb weitergezüchtet werden. Beispiel: Maismutanten mit hohem Anteil an essenziellen Aminosäuren.

Zell- und Gewebekulturen in der Züchtung: Aus einzelnen Zellen oder Geweben lassen sich vollständige Pflanzen oder Tiere heranziehen. Beispiel: Protoplastenkultur bei der Möhre. Der Nutzpflanze wird Gewebe entnommen, bei dem die Zellwände durch ein Enzym aufgelöst werden. Aus dem übrig bleibenden Zellhaufen wächst eine vollständige Möhre heran.

Klonen bei Pflanzen und Tieren: *Klone* sind aus einem einzigen Lebewesen hervorgegangene Individuen, die genetisch vollkommen identisch sind. Etwaige Unterschiede des Phänotyps (↗ S. 124) beruhen auf Umwelteinflüssen (Modifikationen) oder sind im Verlauf der Individualentwicklung durch nicht vererbbare Mutationen entstanden.

Embryotransfer in der Tierzucht: In der Tierzucht gelingt das Klonen von Nutztieren nur mit embryonalen Zellen, da die Zellen von Säugetieren ihre Fähigkeit zur Bildung eines vielzelligen Lebewesens (Totipotenz) schon in einem frühen Keimstadium verlieren. Beim *Embryonentransfer* von Hochleistungsrindern wird eine Zuchtkuh zuvor hormonell behandelt.

Reproduktionstechniken

Fortpflanzungsmedizin: Durch künstliche Befruchtung (Insemination) kann eine Schwangerschaft herbeigeführt werden. Bei der *In-vitro-Fertilisation (IVF)* wird eine Eizelle im Reagenzglas befruchtet und in die Gebärmutter eingepflanzt.

Klonen embryonaler Stammzellen: *Embryonale Stammzellen* sind in einem frühen Stadium *totipotent*, das heißt, sie können sich unbegrenzt teilen und sich zu jedem der rund 210 verschiedenen Zelltypen des menschlichen Körpers entwickeln. In Deutschland ist die Erzeugung totipotenter embryonaler Stammzellen zu Forschungszwecken verboten.

Gentechnik

Unter Gentechnik versteht man die gezielte Übertragung von Genen in das Genom einer Zelle oder eines Organismus. Es entstehen *transgene Lebewesen* mit artfremden Genen.

Beispiele: Bakterien mit menschlichem Insulingen, Karpfen mit Forellenwachstumsgenen oder Baumwolle, die gegen Pflanzenvernichtungsmittel (Herbizide) resistent ist.
Werkzeuge der Gentechnik: *Schneideenzyme (Restriktionsenzyme)* spalten die DNA an festgelegten Stellen auf und zerlegen sie in Spaltstücke.
Verknüpfungsenzyme (Ligasen) bauen die fremde DNA in die Wirts-DNA ein.
Transportsysteme (Vektoren) schleusen die fremde DNA in die Zelle ein. Vektoren sind z. B. Viren oder die DNA-Ringe von Bakterien (Bakterien-Plasmide).
Gentransfer: Das Prinzip des Gentransfers zeigt die Grafik unten. Auf die dargestellte Weise überträgt man z. B. Insulin produzierende Gene in Plasmide von Colibakterien.

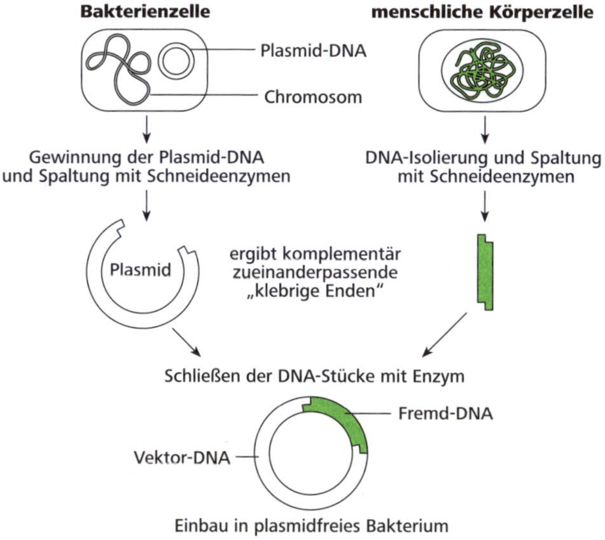

Prinzip der Genübertragung

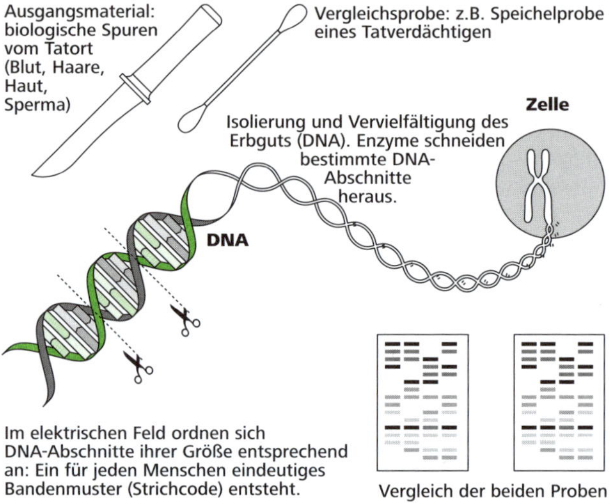

Prinzip des genetischen Fingerabdrucks

Genetischer Fingerabdruck: Die DNA einer einzigen Zelle genügt, um sie einem bestimmten Menschen zuordnen zu können. In der Kriminalistik dient der sogenannte *genetische Fingerabdruck* der Zuordnung von Spurenmaterial wie Blut, Sperma oder Speichel, um Täter eindeutig zu identifizieren. Er beruht darauf, dass die DNA verschiedener Menschen trotz weitgehender Übereinstimmung bestimmte Sequenzunterschiede zeigt.

Gentherapie: Viele Krankheiten beruhen auf einem unvollständig gebildeten oder nicht wirksamen Protein. Bei der Gentherapie setzt man intakte Gene in die entsprechenden Zellen ein, um die Fehlfunktion des defekten Gens auszugleichen. Man setzt also direkt am Ursprungsort einer Erbkrankheit an, indem mutierte defekte Gene durch funktionsfähige ersetzt werden. Die *somatische Gentherapie* wird an Körperzellen durchgeführt

(nicht an Keimzellen) und beschränkt sich also auf den Patienten, ohne die Gene seiner Nachkommen zu verändern.
Ziel einer *Keimbahngentherapie* ist es, intakte genetische Information direkt in die Keimzellen einzuschleusen. Damit wird das veränderte Erbmaterial an die nachfolgende Generation weitergegeben.
Genfood: Lebensmittel, die gentechnisch veränderte Organismen enthalten oder selbst das Ergebnis einer gentechnischen Veränderung sind, nennt man *Genfood (Novel Food).* Dazu zählt z. B. Joghurt mit transgenen Lebendkulturen. Für gentechnisch beeinflusste Nahrungsmittel gilt, dass sie auf keinen Fall der Gesundheit des Verbrauchers schaden dürfen. Bei der landwirtschaftlichen Produktion muss die Beeinträchtigung der natürlichen Lebensgrundlagen so gering wie möglich sein, wobei insbesondere auf den Erhalt größtmöglicher genetischer Vielfalt zu achten ist.
Eine besondere Kennzeichnungspflicht soll jedem Verbraucher die Möglichkeit geben, sich für oder gegen gentechnisch veränderte Lebensmittel zu entscheiden.

Chancen und Risiken der Gentechnik werden kontrovers diskutiert. Mithilfe der Gentechnik lassen sich Erbkrankheiten verlässlich feststellen, vorhersagen und behandeln, neuartige Arzneimittel herstellen und in Zukunft auch einzelne Gene des Menschen gezielt verändern. Nutzpflanzen und Nutztiere können gentechnisch optimiert werden. Risiken können entstehen, wenn gentechnisch veränderte Mikroorganismen unkontrolliert freigesetzt und ihre neuen Gene auf Wildarten übertragen werden oder wenn das Wissen über die Erbinformation eines Menschen missbraucht wird.

▶ **ÜBERLEGE** Nenne traditionelle biotechnische Verfahren der Nahrungsmittelherstellung, bei denen Mikroorganismen zum Einsatz kommen.
Wie unterscheiden sich herkömmliche Biotechnik und Gentechnik?

Lerncheck

Kapitel „Vererbung"	O. K. ✓	Das muss ich noch mal lesen
Ich kann Regeln der Vererbung nennen und erklären.		S. 124–130
Ich kann Genotyp und Phänotyp unterscheiden.		S. 124
Ich kann erklären, was Erbanlagen sind, woraus sie bestehen und wie sie in der Zelle vorliegen.		S. 130–134
Ich kann den Ablauf von Mitose und Meiose vergleichend beschreiben.		S. 59, 60 und S. 131, 132
Ich kann Methoden und Erkenntnisse der Humangenetik nennen.		S. 134–139
Ich kann Erbgänge beim Menschen analysieren.		S. 134–139
Ich kann den Aufbau der DNA anhand eines einfachen Modells darstellen.		S. 140–143
Ich kann erläutern, wie die Erbinformation durch die Proteinbiosynthese verwirklicht wird.		S. 143, 144
Ich kann erbliche und erworbene Merkmalsänderungen als Mutation und Modifikation deuten.		S. 145, 146
Ich kann klassische und moderne Verfahren der Züchtung und der Biotechnik unterscheiden.		S. 147–151
Ich kann Chancen und Risiken der Gentechnik bewerten.		S. 151

Ökologie

Die Ökologie untersucht die Wechselbeziehungen der Lebewesen untereinander und zu ihrer Umwelt. Unter Umwelt versteht man alle äußeren Faktoren, die auf einen Organismus einwirken. Man unterscheidet dabei die Einflüsse der unbelebten Umwelt (abiotische Faktoren) von den Einflüssen, die von anderen Lebewesen ausgehen (biotische Faktoren).

7.1 Abiotische Umweltfaktoren

Zu den *abiotischen Faktoren*, die auf Lebewesen einwirken, zählen Temperatur, Licht, Wasser, Wind, Boden sowie andere physikalische und chemische Bedingungen.

Temperatur

Temperatur und Tierwelt: In Bezug auf ihren Wärmehaushalt unterscheidet man wechselwarme Tiere von gleichwarmen.
Bei *wechselwarmen Tieren* werden die Körpertemperatur und damit verbunden die Stoffwechselprozesse von der Umgebungstemperatur bestimmt. Zu den Wechselwarmen zählen alle wirbellosen Tiere sowie Fische, Lurche (Amphibien) und Kriechtiere (Reptilien).
Gleichwarme Tiere sind Vögel und Säugetiere. Sie haben eine konstante Körpertemperatur, die sie weitgehend unabhängig von der Außentemperatur regulieren. Verbunden damit ist aber ein hoher Energie- und Nahrungsbedarf. Durch isolierende Schichten wie ein dichtes Fell oder Federkleid sowie Speckschichten wird die Wärmeabgabe nach außen verringert.
▶ VERNETZUNG Tiere, S. 24 u. 28

Die *RGT-Regel* (Reaktionsgeschwindigkeits-Temperatur-Regel) drückt die Beziehung zwischen Temperatur und Lebensprozessen aus: Bei einer Temperaturerhöhung um 10 °C beschleunigen sich die Stoffwechselvorgänge um etwa das Zweifache.

Klimaregeln benennen die Beziehung zwischen Temperatur und Tiergestalt: Nach der *bergmannschen Regel* sind bei den gleichwarmen Tieren innerhalb eines Verwandtschaftskreises die Rassen oder Arten in kälteren Klimaten größer als die in wärmeren Zonen. Die Erscheinung wird damit erklärt, dass größere Körper pro Volumeneinheit langsamer auskühlen als kleine. Der Selektionsvorteil (↗ S. 196) liegt darin, dass pro Gewichtseinheit weniger Energieaufwand nötig ist. Beispiele: Pinguine, Tiger, Bären und Wölfe, bei denen größere und schwerere Formen jeweils in den kalten Klimaten vorkommen. Die *allensche Regel* besagt, dass Körperfortsätze wie Ohren, Schwanz oder Beine bei gleichwarmen Tieren innerhalb eines Verwandtschaftskreises in wärmeren Klimaten größer sind. In kalten Klimaten bestünde die Gefahr des Abfrierens. Umgekehrt können Tiere in warmen Zonen über große Körperanhänge überschüssige Körperwärme leichter an die Umgebung abführen. Beispiele: Ohren von Fuchs-, Hasen- und Elefantenarten in unterschiedlichen Klimazonen.

Temperatur und Pflanzenwelt: Die Außentemperatur beeinflusst auch die Stoffwechselprozesse bei Pflanzen.

Höhenstufen der Vegetation, wie sie in allen Hochgebirgen der Erde anzutreffen sind, gehen ebenfalls auf den Einfluss der Temperatur zurück. Mit zunehmender Höhe nimmt die Temperatur ab. In den Alpen folgen auf die Laub- und Mischwaldzone nach oben Nadelwald, Krummholzzone, Zwergstrauchheide, Polsterpflanzen sowie Moose und Flechten.

Klimazonen: Die Verteilung der Pflanzen auf die verschiedenen Klimagürtel wird ebenfalls von der Temperatur bestimmt. Tropische Pflanzen brauchen höhere Temperaturen zum Keimen als außertropische. Auch die Blütenbildung und das Reifen der Samen und Früchte erfordern je nach Art unterschiedliche Temperaturen.

Licht

Licht und autotrophe Pflanzen: Pflanzen brauchen für die Fotosynthese (↗ S. 50) Licht als Energiequelle.

- *Sonnenpflanzen* sind auf hohe Lichtintensität angewiesen. Solche Arten wachsen nur an unbeschatteten Standorten (z. B. Sonnenblume).
- *Halbschattenpflanzen* wachsen bei vollem Sonnenlicht, können aber Schatten vertragen.
- *Schattenpflanzen* nutzen schwaches Sonnenlicht so gut aus, dass sie im Streulicht am besten gedeihen (z. B. Sauerklee).
- *Langtagpflanzen* wie unsere einheimischen Getreidearten blühen nur, wenn die tägliche Belichtungsdauer deutlich mehr als zwölf Stunden beträgt.
- *Kurztagpflanzen* wie Mais, Hirse und Baumwolle gedeihen, wenn die tägliche Belichtungszeit unterhalb einer kritischen Größe liegt. Aus den Subtropen stammende Pflanzen wie Dahlien und Astern blühen bei uns daher erst im Herbst.

Licht und Tiere: Licht steuert zahlreiche Verhaltensweisen von Tieren wie den morgendlichen Beginn des Vogelgesangs oder das abendliche Schwärmen von Mücken. Es beeinflusst das Zugverhalten der Zugvögel ebenso wie das Laichverhalten von Bachforellen. Voraussetzung ist allerdings jeweils eine hormongesteuerte „innere Uhr", für die das Licht einen Taktgeber zur Synchronisation darstellt.

Wasser

Alle Lebensvorgänge laufen nur in wässriger Lösung ab. Wasser ist Lösungsmittel, Transportmittel und Reaktionspartner vieler biochemischer Reaktionen.

Wasser und Pflanzen: Die Wasserverhältnisse eines Standortes beeinflussen die Gestalt der Pflanzen und der gesamten Vegetation.

- *Wasserpflanzen (Hydrophyten)* haben keinen Verdunstungsschutz und kaum ausgebildete Wurzeln (z. B. Wasserhahnenfuß).

- *Trockenpflanzen (Xerophyten)* wie Kakteen oder Hartlaubgewächse (z. B. Oleander) besitzen Einrichtungen zum Verdunstungsschutz wie sehr kleine oder ganz zu Dornen umgebildete Blätter, eine verdickte Cuticula (↗ S. 49), eingesenkte Spaltöffnungen oder eine mehrschichtige Epidermis. Ihr Wurzelsystem ist entweder weit verzweigt oder dringt besonders tief in den Boden ein.
- *Feuchtpflanzen (Hygrophyten)* haben Einrichtungen, die die Wasserabgabe erleichtern. Pflanzen des tropischen Regenwaldes besitzen meist eine große Blattfläche mit sehr dünner Cuticula und vielen Spaltöffnungen (z. B. Pestwurz, Fensterblatt).

Toleranzbereich

Die Spanne eines Umweltfaktors, innerhalb der ein Lebewesen überleben kann, ist der *Toleranzbereich*. Die äußersten, für eine bestimmte Zeit noch tolerierten Grenzwerte nennt man *Maximum* und *Minimum*. Sie begrenzen den Toleranzbereich der Art. Der für ein Lebewesen günstigste Wert eines Umweltfaktors

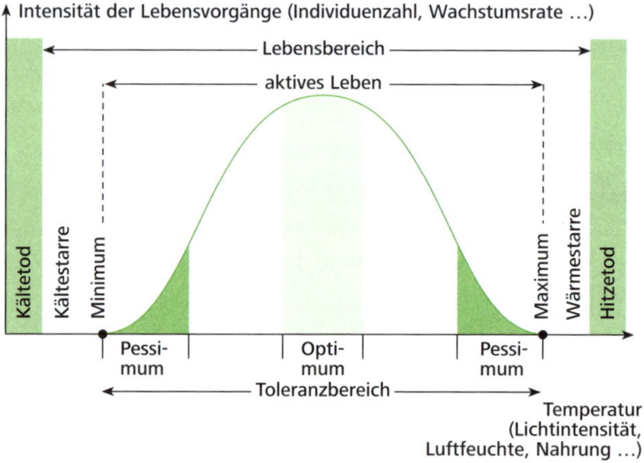

Toleranzbereich

heißt *Optimum*. Im Optimum haben die meisten Individuen der Art die größte Überlebensquote und gedeihen am besten. Der Optimalbereich ist erblich festgelegt und wird von Tieren aktiv aufgesucht. Der Bereich, in dem eine Art zwar noch überlebt, aber nicht mehr fortpflanzungsfähig ist, bezeichnet man als Pessimum.

Minimumgesetz: Die Häufigkeit einer Art wird in der Regel von dem Umweltfaktor begrenzt, der am weitesten vom Optimum entfernt ist, vom *Minimumfaktor*. Beispiel: In den Hitzewüsten der Erde würden Mineralsalzangebot und Temperatur ein gutes Pflanzenwachstum erlauben, begrenzend wirkt hier der Minimumfaktor Wasser.

Zeigerpflanzen: Das Vorkommen bestimmter Pflanzenarten, die besonders an bestimmte Umweltfaktoren angepasst sind, lässt auf die Umweltbedingungen am Standort schließen. Diese Pflanzenarten gelten als typisch für bestimmte Standorte und werden daher als *Zeigerpflanzen* bezeichnet. Beispiele: Küchenschelle und Leberblümchen wachsen nur auf Kalkböden (Kalkpflanzen). Der Queller ist in der Lage, große Mengen Salz in für ihn unschädlicher Form zu speichern, und kommt an salzreichen Standorten vor (Salzpflanze).

▶ **ÜBERLEGE** Welche Bedeutung haben die verschiedenen abiotischen Ökofaktoren für Lebewesen? Nenne ein Beispiel. Beim Licht als Ökofaktor sind zwei völlig unterschiedliche Aspekte von Bedeutung. Erkläre sie.

7.2 Beziehungen zwischen den Lebewesen

Biotische Umweltfaktoren ergeben sich aus der belebten Natur. Zu den biotischen Faktoren zählen Nahrung, Räuber-Beute-Verhältnis, zwischenartliche und innerartliche Konkurrenz, Symbiose und Parasitismus. Biotische und abiotische Faktoren wirken in der Natur stets zusammen.

Konkurrenz und Einnischung

Innerartliche Konkurrenz herrscht zwischen Individuen einer Art im Wettbewerb um abiotische und biotische Umweltfaktoren wie Raum, Nahrung und Geschlechtspartner. Revierbildung und Rangordnungsverhalten sind eine Möglichkeit, innerartliche Konkurrenz zu regulieren.

Zwischenartliche Konkurrenz zwischen unterschiedlichen Arten ist umso größer, je ähnlicher ihre Ansprüche an die Umwelt sind. Konkurrenz zwischen verschiedenen Arten führt im Laufe der stammesgeschichtlichen Entwicklung dazu, dass sich die Nachkommen allmählich auseinanderentwickeln. Hält diese sogenannte *ökologische Sonderung* längere Zeit an, sind die betreffenden Populationen ökologisch isoliert (eingenischt).

Das **Konkurrenzausschlussprinzip** besagt, dass zwei Arten mit genau den gleichen Ansprüchen an die Umwelt auf die Dauer nicht nebeneinander existieren können.

Zur *Konkurrenzvermeidung* haben verschiedene Arten spezielle Ansprüche an die Umwelt entwickelt.

Ökologische Nische: Die Gesamtheit aller spezifischen Umweltansprüche, die für das Überleben einer Art notwendig sind, wird als *ökologische Nische* dieser Art bezeichnet. Dabei beschreibt dieser Begriff keinen Raum, sondern das System von Wechselbeziehungen zwischen Organismus und Umwelt. Die *Einnischung* einer Art beruht z. B. auf einer spezifischen Ernährungsweise, auf jahreszeitlich typischen Aktivitätsmustern, auf Klimaansprüchen oder auf einem kennzeichnenden Brutverhalten.

Parasitismus

Als *Parasitismus* oder *Schmarotzertum* bezeichnet man die Beziehung zwischen unterschiedlichen Arten, von denen die eine Art (Parasit) die andere (Wirt) schädigt, ohne sie zu töten. Meist ist der Parasit auf eine oder wenige Wirtsarten spezialisiert *(Wirtsspezifität)*. Man unterscheidet zwischen *Außenparasiten* (z. B. Läuse und Flöhe) und *Innenparasiten* (z. B. Bandwürmer und Viren).

Einnischung

Symbiose

Ein Zusammenleben artverschiedener Lebewesen, bei dem beide Partner einen Vorteil erzielen, nennt man Symbiose. Die beiden Partner sind die Symbionten (z. B. Samenpflanze – Insekt, Mykorrhiza, Flechten).

▶ VERNETZUNG Pflanzen und Pilze, S. 48

Population

Als *Population* bezeichnet man die Gesamtheit aller Artgenossen in einem Lebensraum.

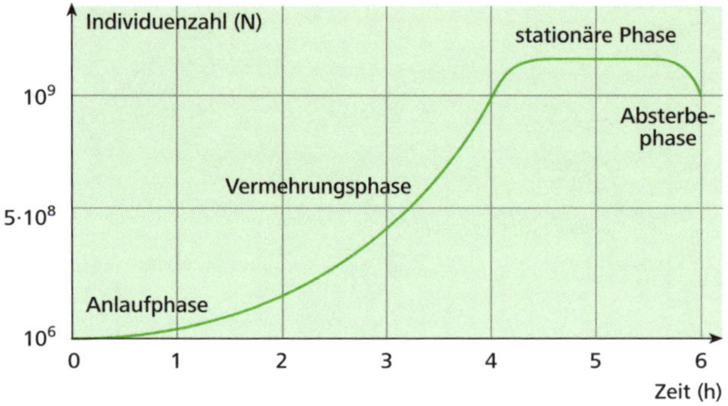

Wachstum einer Bakterienpopulation

Das **Wachstum von Populationen** ist bedingt durch *dichteunabhängige* Einflüsse (z. B. klimatische Bedingungen, Naturkatastrophen) und durch *dichteabhängige* Einflüsse (z. B. Vermehrungsrate, Krankheiten, Fressfeinde, Nahrungsangebot).

Das Wachstum einer Bakterienpopulation in einem Nährboden zeigt einen typischen Verlauf: Nach einer *Anlaufphase*, in der die Zahl der Zellteilungen noch klein ist, folgt eine *Vermehrungsphase* mit exponenziellem Wachstum. In einer *stationären Phase* halten sich die neu entwickelnden und die absterbenden Bakterien die Waage, bevor in der *Absterbephase* mehr Zellen zugrunde gehen, als neu gebildet werden.

Regulation der Populationsdichte erfolgt über innerartliche Konkurrenz um Raum und Nahrung sowie über zwischenartliche Räuber-Beute-Beziehungen. Die Bestandsschwankungen des Beutegreifers Luchs und seiner Beute Schneehase verdeutlichen die Abhängigkeiten zwischen Räuber und Beute (↗ Abb. S. 161), für die sich gegeneinander verschobene Populationswellen ergeben. Die Häufigkeit sowohl des Räubers wie die der Beute schwanken um einen Mittelwert, der bei der Beuteart höher liegt. Die gegenseitige Abhängigkeit – Luchse halten die Anzahl der Hasen in Grenzen, ihre Anzahl ist aber auch abhängig von der

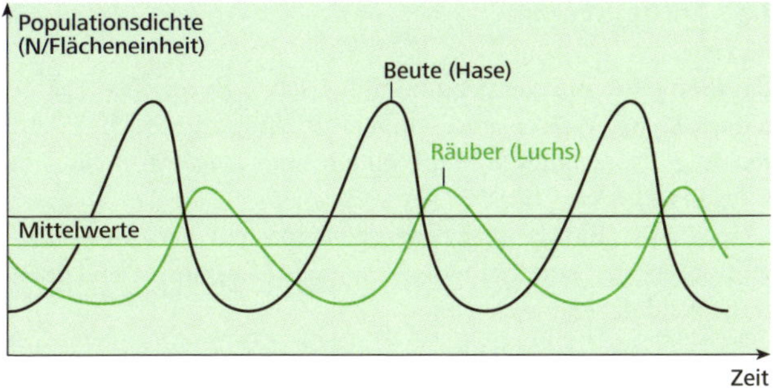

Populationsschwankungen am Beispiel der Räuber-Beute-Beziehung von Schneehase und Luchs

der Hasen – führt zu einem längerfristig stabilen Gleichgewichtszustand, dem *biologischen Gleichgewicht*.
Die Beziehung – je mehr Hasen, desto mehr Luchse und schließlich wieder weniger Hasen mit einem anschließenden Rückgang der Luchse – beruht nicht ausschließlich auf der Räuber-Beute-Beziehung. Vielmehr haben hier andere Einflüsse wie Krankheiten und Witterung eine unberechenbare, aber entscheidende Bedeutung.

▶ **VERNETZUNG** Evolutionsfaktoren, S. 195

Schutzmechanismen: Tiere wie Pflanzen haben zahlreiche Abwehrmechanismen (z. B. Tarnung, Gifte) oder passive Schutzeinrichtungen (z. B. Dornen, Panzerung) entwickelt. Bei *Mimese* tarnen sich Lebewesen dadurch, dass sie in Form und Farbe andere Objekte nachahmen. (Beispiele: Die Spannerraupe ahmt einen Zweig, die Rohrdrossel das Schilfrohr nach.) Bei *Mimikry* ahmt ein Tier eine andere, oftmals giftige oder wehrhafte Tierart nach, um einen Vorteil zu erzielen. So ahmt bei der Wespenmimikry die harmlose Schwebfliege die wehrhafte Wespe nach.

▶ **ÜBERLEGE** Die Vielfalt der Lebewesen lässt sich auch über die Beziehungen zwischen den Lebewesen erklären. Begründe.

7.3 Ökosysteme

Ein *Biotop* ist ein Lebensraum mit typischen abiotischen Faktoren wie Licht-, Wasser- und Temperaturverhältnissen. Die Pflanzen und Tiere eines Biotops bilden eine *Lebensgemeinschaft (Biozönose).*

Lebensraum (Biotop) und Lebensgemeinschaft (Biozönose) zusammen bilden eine Einheit, die man als *Ökosystem* bezeichnet (z. B. Wälder, Seen, Äcker).

Lebensbereiche der Biosphäre

Alle Ökosysteme unserer Erde bilden die *Biosphäre.* Drei große Lebensbereiche lassen sich unterscheiden, die wiederum in kleinere Ökosysteme untergliedert sind:

Meeresökosysteme	Süßwasserökosysteme	Landökosysteme
Tiefsee, Riffe, Wattenküste …	Tümpel, Teich, Bergbach …	Steppe, Halbwüste Laubmischwald …

Ökosysteme können also sehr groß sein, wie z. B. der tropische Regenwald, oder sehr klein, wie z. B. eine Trockenmauer oder ein Teich.

Je vielgestaltiger ein Ökosystem ist, desto mehr ökologische Nischen bietet es und desto stabiler ist es gegenüber Störungen des biologischen Gleichgewichts.

Nahrungsbeziehungen

Die Lebewesen eines Ökosystems werden nach ihrer Stellung im Stoffkreislauf in drei Gruppen eingeteilt:

Produzenten (Erzeuger) sind die autotrophen Pflanzen. Sie bauen energiereiche organische Verbindungen aus energiearmen anorganischen Stoffen auf.

Konsumenten (Verbraucher) ernähren sich direkt oder indirekt von den organischen Stoffen, die die Produzenten erzeugen. Sie sind heterotroph. Dabei unterscheidet man zwischen Pflanzenfressern und Fleischfressern. *Pflanzenfresser* sind Konsumenten 1. Ordnung. *Fleischfresser* sind je nach ihrer Stellung in der Nahrungskette Verbraucher 2., 3. oder 4. Ordnung.

Destruenten (Zersetzer) ernähren sich von toten organischen Stoffen und bauen diese zu anorganischen Stoffen ab. Im Wesentlichen handelt es dabei um Bakterien und Pilze.

▶ **VERNETZUNG** Zellstoffwechsel S. 56; Mikroorganismen S. 64

Nahrungskette: In unterschiedlich langen Nahrungsketten werden die von Pflanzen aufgebauten Stoffe in tierische Nährstoffe überführt.

Produzent	Pflanze	Fichte
Konsumenten		
1. Ordnung	Pflanzenfresser	Borkenkäfer
2. Ordnung	Fleischfresser	Buntspecht
3. Ordnung	Fleischfresser	Sperber
4. Ordnung	Fleischfresser	Habicht

Nahrungsnetz: Im Ökosystem bilden vielfach miteinander verbundene Nahrungsketten ein Nahrungsnetz.

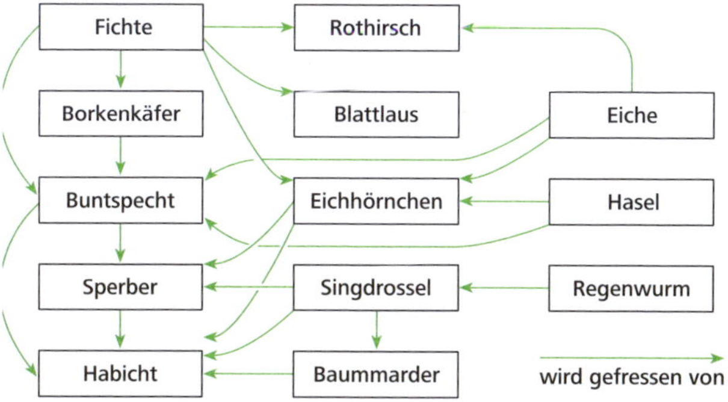

Nahrungsnetz im Wald

Stoffkreislauf und Energiefluss

Pflanzen erzeugen mithilfe des Sonnenlichtes energiereiche Stoffe. Tiere und der Mensch verbrauchen diese Stoffe. Zersetzer (Destruenten) zerlegen sie bei der Verwertung in ihre Ausgangsstoffe, die wiederum von Pflanzen aufgenommen werden. Dadurch schließen sie die Nahrungsketten zu einem *Nahrungskreislauf*. Kohlenstoff und Sauerstoff sowie Wasser und Mineralstoffe bleiben im Stoffkreislauf erhalten, die Energie hingegen wird freigesetzt.

Kreislauf des Sauerstoffs: Den Sauerstoff, der bei der Fotosynthese freigesetzt wird, benötigen Konsumenten und Destruenten, aber auch Pflanzen (nachts) für die Atmung (und Gärung).

Kreislauf des Kohlenstoffs: Das ausgeatmete Kohlenstoffdioxid wird bei der Fotosynthese (↗ S. 50) zusammen mit Wasser als Glucose wieder in organische Materie eingebaut.

Stickstoffkreislauf: Stickstoff ist ein wichtiges Strukturelement vieler organischer Stoffe wie Aminosäuren, Chlorophyll, DNA. Pflanzen bauen anorganische Nitrat-Ionen aus dem Boden in

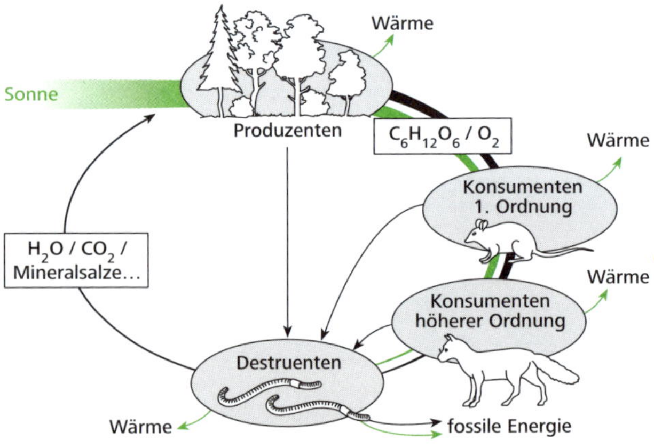

Kreislauf der Stoffe (schwarz) und Einbahnstraße der Energie (rot)

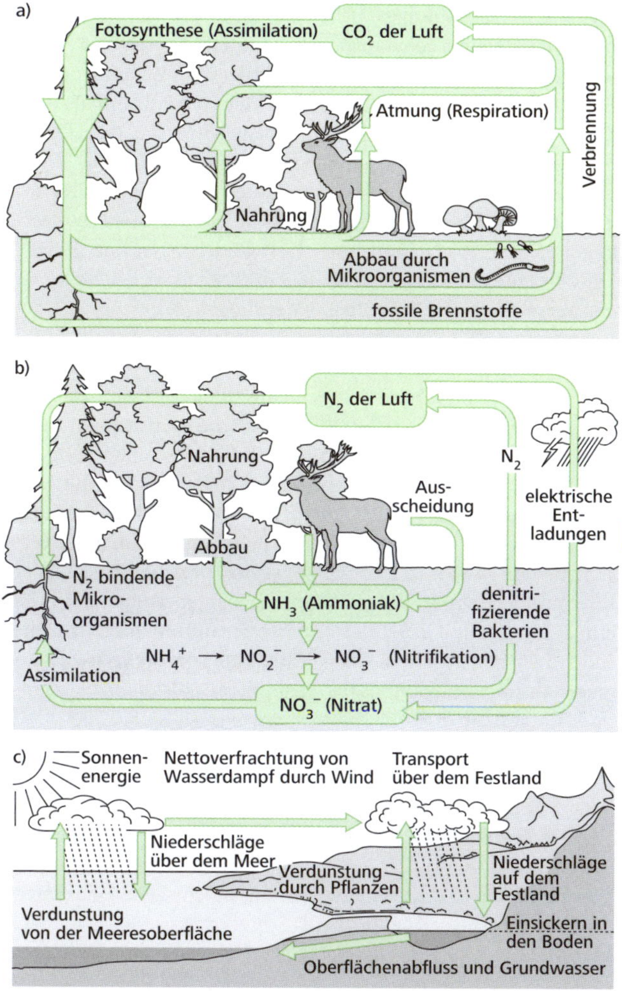

Stoffkreisläufe: a) Kohlenstoffkreislauf, b) Stickstoffkreislauf, c) Wasserkreislauf

organische Verbindungen (Eiweiße und Nukleinsäuren) ein. Über die Nahrungskette werden diese an Tiere und Mensch weitergegeben. Beim Abbau der Eiweißverbindungen entsteht Harnstoff, der ausgeschieden wird. Bakterien bauen ihn über die Zwischenstufen Ammoniak und Nitrit zu Nitrat um. Nitrat kann von den Pflanzen wiederum aufgenommen werden.

Offene Ökosysteme: Stoffkreisläufe über Produzenten, Konsumenten und Destruenten lassen sich in jedem Ökosystem verfolgen. Durch Wassertransport, Tierwanderungen und globale Luftbewegungen kommt es zu einem Stoffaustausch zwischen den verschiedenen Ökosystemen der Biosphäre.

Energiefluss: Der Energiefluss, der von der Sonne ausgeht, treibt die Stoffkreisläufe im Ökosystem an. Ein Teil der verwertbaren chemischen Energie wird bei allen Umwandlungsprozessen verbraucht (Energieverlust), ein Teil wird an die nächste Nahrungsebene weitergegeben. Letztlich wird die eingestrahlte Sonnenenergie als Wärmestrahlung wieder ins Weltall abgestrahlt.

Nahrungspyramide: Unter *Biomasse* versteht man das Gewicht der Organismen eines Ökosystems. Beim Durchlaufen der verschiedenen Stufen der Nahrungskette verringert sich der Energiegehalt der jeweiligen Biomasse bei jeder Stufe auf etwa ein Zehntel. Die Größe der Lebewesen nimmt meist zu, die Individuenzahl ab. Diese stetige Abnahme von Biomasse, Energiegehalt und Individuenzahl wird grafisch als *Nahrungspyramide* dargestellt.

▶ **ÜBERLEGE** Erkläre an einem Beispiel den Zusammenhang zwischen Biotop, Biozönose und Ökosystem.
Welche Beziehungen bestehen zwischen den vorkommenden Lebewesen?
Welche Gruppen sind als Destruenten, welche als Produzenten und Konsumenten einzuordnen?
Warum gibt es keinen Energiekreislauf in Ökosystemen?

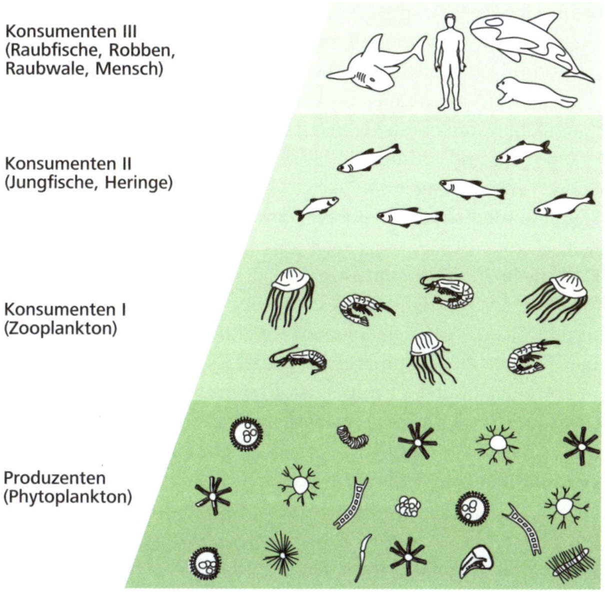

Stark vereinfachtes Modell der Nahrungspyramide

Veränderung und Stabilität von Ökosystemen

In natürlichen Ökosystemen herrscht ein biologisches Gleichgewicht, die Nahrungs- und Energiebeziehungen sind hier stabil. Das biologische Gleichgewicht beruht auf *Selbstregulation*. Artenreiche Ökosysteme weisen im Unterschied zu artenarmen eine hohe Stabilität auf. Sie verändern sich über lange Zeiträume kaum, während artenarme wie z. B. Forst- und Agrarökosysteme häufige und starke Populationsschwankungen zeigen.

Sukzession: Ökosysteme können sich im Verlauf langer Zeiträume verändern.

- Auf einem Kahlschlag wächst nach Jahren auch ohne Einfluss des Menschen wieder ein Wald heran.

- Im feuchtgemäßigten Klima Mitteleuropas verlanden nährstoffreiche Flachseen allmählich. Es entsteht mit der Zeit ein Flachmoor mit Bruchwald, aus dem sich schließlich ein Laubmischwald als stabiler Endzustand entwickeln kann. In niederschlagsreicheren Gebieten entwickelt sich aus dem Flachmoor als Endstadium ein Hochmoor.

Diese Veränderungen im Ökosystem nennt man *Sukzession*, die stabile Endgesellschaft ist das *Endstadium (Klimaxstadium)*.

Beispiele für Ökosysteme

Wald: In Deutschland gibt es aufgrund unterschiedlicher abiotischer Faktoren verschiedene Waldformen: sommergrüne Laubmischwälder, immergrüne Nadelwälder und Mischwälder. Laubwälder brauchen mineralstoffreiche Böden. Im Jahresverlauf ändern sich hier die Lichtverhältnisse. Es entstehen verschiedene Pflanzenstockwerke (↗ Abb. S. 169). Laubwälder sind reicher an Pflanzen- und Tierarten als Nadelwälder. Die Rotbuche ist bei uns der häufigste Laubbaum, Fichte und Kiefer sind die wichtigsten Nadelbäume. Am Waldboden wachsen neben zahlreichen Samenpflanzen die Sporen bildenden Pilze, Farne und Moose.

Fast alle unsere Wälder sind heute Forste. Monokulturen mit Nadelbäumen sind anfällig für Schädlinge, Windwurf und Waldbrand. Ein intakter Wald bietet dem Menschen vielfältigen Nutzen und hat für den Naturhaushalt insgesamt wichtige Funktionen: Sauerstoffproduktion, Wasserversorgung, Holzproduktion, Lärm-, Hochwasser-, Lawinen- und Windschutz, Filterung von Staub und Abgasen, Klima- und Bodenschutz, Naturschutz, Erholungsraum.

See: Wichtige abiotische Faktoren eines Gewässers sind Temperatur, Sichttiefe, Sauerstoffgehalt, Gehalt an Mineralstoffen (wie Nitrat und Phosphat) sowie pH-Wert.

Je nach Wassertiefe lassen sich Zonen von Sumpfpflanzen, Schwimmblattpflanzen, Tauchblattpflanzen und Schwimmpflanzen unterscheiden (↗ Abb. S. 170).

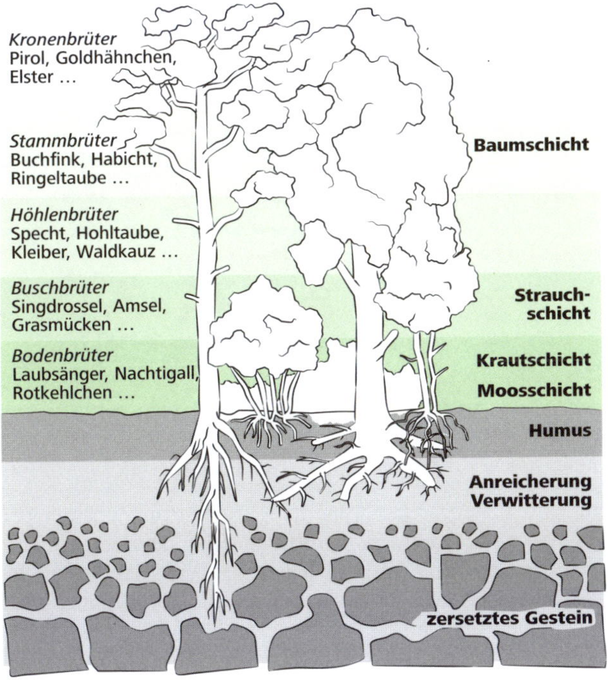

Stockwerkbau des Waldes

Das Ökosystem See lässt sich in die Lebensräume Uferzone, Freiwasserzone und Bodenzone einteilen. Die Freiwasserzone wiederum untergliedert sich in Nährschicht (hier produzieren Plankton und Schwimmpflanzen organische Stoffe) und in die lichtlose Zehrschicht (hier lebende Organismen zehren von absinkenden Nährstoffen aus der Nährschicht).
Die Nahrungsketten beginnen vielfach bei Algen und enden bei Hechten oder Graureihern.
Natürliche oder künstliche Nährstoffanreicherung (Abwasser-

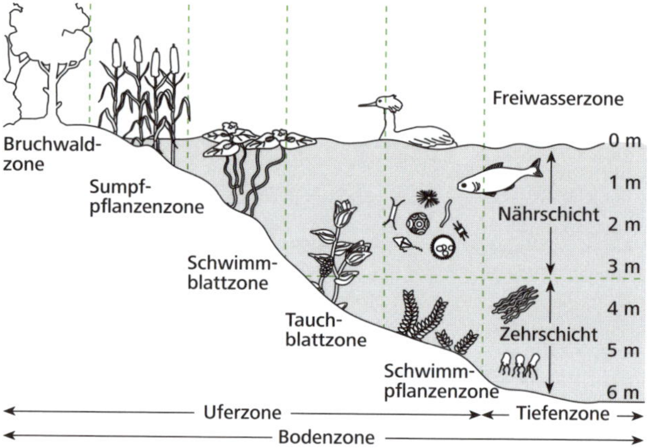

Zonierung eines Sees

einleitung, Düngereinschwemmung) führen zur Zunahme der Biomasseproduktion *(Eutrophierung)*. Dies kann ein „Umkippen" des Gewässers zur Folge haben, das heißt, das biologische Gleichgewicht ist so gestört, dass Tiere und Pflanzen hier nicht mehr leben können.

Acker: Äcker sind vom Menschen geschaffene Lebensräume. Getreidearten wie Weizen, Gerste, Roggen und Hafer sind die wichtigsten Kulturpflanzen, die in Monokultur angebaut werden. Da dem Boden durch die Ernte ständig Stoffe entzogen werden, können sich keine vollständigen Stoffkreisläufe ausbilden. Durch Düngung werden die Stoffverluste ausgeglichen.

Außer als Produktionsstätten für Nahrungsmittel sind Äcker auch als Lebensräume für zahlreiche Wildpflanzen und Wildtiere von Bedeutung.

Moderne Arbeitsmethoden in der Landwirtschaft wie Maschineneinsatz, Unkraut- und Schädlingsbekämpfung führen einerseits zu einer Steigerung der Erträge bis hin zur Überproduktion, andererseits kann es zur Gefährdung des Grundwassers durch

Dünger (Nitrate) und Schädlingsbekämpfungsmittel (Pestizide) kommen.
Der *ökologische Landbau* fördert die Bodenfruchtbarkeit durch Abwechslung der Fruchtfolge und verzichtet weitgehend auf Pestizide.
Stadt: Hier leben und arbeiten viele Menschen auf engem Raum zusammen. Es gibt keine natürlichen Stoffkreisläufe. Energie, Nahrung und Wasser werden zugeführt, Müll und Abwasser werden entsorgt.
Das wärmere und trockenere Stadtklima bietet Lebensraum auch für bisher nicht heimische Pflanzenarten. Frei lebende Stadttiere sind in Bezug auf Nahrung und Behausung wenig spezialisiert. Die Verminderung von Emissionen (Abgasen), das Begrünen von Plätzen sowie die Schonung der natürlichen Ressourcen verbessert die Lebensqualität in den Städten.
▶ **ÜBERLEGE** Worin liegt der Unterschied zwischen natürlichen und vom Menschen beeinflussten Ökosystemen?

7.4 Eingriffe des Menschen in die Umwelt

Der Mensch verändert die Umwelt in seinem Sinn. Neben Chancen birgt dies aber auch Gefahren. Viele menschliche Eingriffe gefährden die Lebensgrundlagen Luft, Boden, Gewässer und Wälder.

Umweltbelastung

Durch Intensivlandwirtschaft, Müllverbrennung und Mülldeponien, durch Industrie und Verkehr werden *Giftstoffe freigesetzt*, die über die Nahrungskette von uns aufgenommen werden.
Aus der *Nutzung fossiler Energieträger* wie Erdöl und Kohle stammt der größte Teil der Luftschadstoffe. Das bei der Verbrennung freiwerdende Kohlenstoffdioxid kann durch den sogenannten Treibhauseffekt wesentlich zu einer möglichen Klimaveränderung beitragen.

Luftschadstoffe begünstigen die Bildung von *bodennahem Ozon*, einem Sauerstoffmolekül aus drei Sauerstoffatomen (O_3). Ozon bewirkt eine Reizung der Augen und der Atemwege.
Der *Boden* ist als landwirtschaftliche Nutzfläche die Grundlage unserer Ernährung. Durch Verbauung und Abtragung ist er zunehmend gefährdet.
Trinkwasser ist unser wichtigstes Lebensmittel. Ein steigender Wasserverbrauch zwingt zu verantwortungsvollem Umgang. In vielen Ländern der Erde steht heute nicht ausreichend sauberes Trinkwasser zur Verfügung.
Artenschwund: Durch Ackerbau und Abholzung gehen auf der Erde zahlreiche Arten unwiederbringlich verloren. Auch die Ausbeutung der Weltmeere durch industriemäßigen Fischfang trägt dazu bei.

▶ **ÜBERLEGE** Die Landwirtschaft befindet sich im Konflikt zwischen umweltschonender Produktionsweise und wirtschaftlichem Zwang zur Rationalisierung. Gibt es Lösungsansätze?

Umweltschutz

Integrierter Pflanzenschutz: Die sogenannte *integrierte Schädlingsbekämpfung* hat das Ziel, durch eine sinnvolle Kombination verschiedener Methoden den Einsatz von Schädlingsbekämpfungsmitteln in der Pflanzenproduktion zu minimieren. Zu diesen Methoden zählen

- *kulturtechnische Verfahren* (z. B. Fruchtwechsel und Mischkultur, Wahl resistenter Sorten),
- *biologische Verfahren* (z. B. Einsatz von natürlichen Feinden, biologische Unkrautbekämpfung),
- *mechanische Verfahren* (z. B. Absammeln, Bodenbearbeitung),
- *biotechnische Verfahren* (z. B. Anlocken durch Licht, Schall oder Duftstoffe (Pheromone) von Artgenossen).

Chemische Verfahren kommen erst dann zum Einsatz, wenn der Schaden die Kosten der Bekämpfung deutlich übersteigt.

Abfallwirtschaft: Um Umweltbelastungen durch Müll zu verringern und Rohstoffe zu sparen, findet verstärkt Abfallverwertung *(Recycling)* statt. Reststoffe werden sortiert und zum Teil in die Produktion zurückgeführt. Restmüll wird thermisch behandelt, Rückstände nach strengen Richtlinien deponiert.

Nachhaltigkeit: Unter nachhaltiger Nutzung *(sustainable development)* versteht man eine Nutzung der Erde durch den Menschen, die zu keinem langfristigen Rückgang der biologischen Vielfalt führt. Das *Washingtoner Artenschutzübereinkommen* reguliert den Handel mit gefährdeten frei lebenden Tieren und Pflanzen. Die *Klimakonvention* verlangt, dass Industrienationen ihre Emissionen an CO_2 und anderen sogenannten Treibhausgasen reduzieren.

Naturschutz: Das *Bundesnaturschutzgesetz* regelt den Naturschutz in Deutschland und bildet den Rahmen für verschiedene Naturschutzbestimmungen der einzelnen Bundesländer. Wichtige Instrumente sind dabei Landschaftsplanung, Eingriffsregelungen und die Ausweisung von Schutzgebieten.

Naturschutzgebiete sind die nach dem Gesetz am strengsten geschützten Flächen. Sie umfassen Räume mit einer einzigartigen, vielfältigen Naturausstattung und dürfen nur auf bestimmten Wegen betreten und nicht verändert werden. Der Schutzgrad der *Landschaftsschutzgebiete* ist deutlich geringer. Sie werden erhalten und wiederhergestellt aufgrund ihrer Vielfalt, ihrer Eigenart und Schönheit sowie ihrer Bedeutung als Erholungsraum. *Naturparks* sind Kulturlandschaften, die der Mensch durch seine Tätigkeit jahrhundertelang geprägt hat und die sich durch eine umweltgerechte Landnutzung auszeichnen. Häufig dienen sie als naturnahe Erholungsgebiete. *Biosphärenreservate* sind großräumige Kulturlandschaften. Sie sollen naturverträgliche Formen der Landnutzung unter Beachtung der natürlichen Ausstattung ermöglichen. *Nationalparks* sind großflächige Naturlandschaften. Sie stehen ähnlich wie die viel kleineren Naturschutzgebiete unter strengem Schutz. Ihre Kernzonen dürfen nicht betreten werden.

Lerncheck

	✓	
Ich kann erklären, mit welchen Fragestellungen sich die Ökologie beschäftigt.		S. 153
Ich kann die Wechselwirkungen zwischen Lebewesen und ihrer unbelebten und belebten Umwelt aufzeigen.		S. 153–161
Ich kann zwischenartliche und innerartliche Beziehungen von Lebewesen unterscheiden.		S. 157–161
Ich kann die Gesetzmäßigkeiten des Wachstums und der Regulation von Populationen erläutern.		S. 159–161
Ich kann erklären, wie Nahrungsbeziehungen und Stoffkreisläufe zusammenhängen.		S. 162–167
Ich kann den Kohlenstoffkreislauf und den Energiefluss in einem Ökosystem erläutern.		S. 164, 165
Ich kann ein Ökosystem und dessen Beziehungsgefüge beschreiben.		S. 168–171
Ich kann aufzeigen, wie sich ein Ökosystem im Verlauf längerer Zeiträume verändern kann.		S. 167, 168
Ich kann die ökologische Sonderstellung des Menschen beschreiben.		S. 171–173
Ich kann Umweltbelastungen nennen und einen nachhaltigen Umweltschutz als wesentliche globale Aufgabe bewerten.		S. 171–173

Verhalten bei Mensch und Tier

Die Verhaltensforschung (Ethologie) beobachtet und beschreibt das Verhalten von Tieren und Menschen. Als Verhalten bezeichnet sie dabei alle beobachtbaren Bewegungsabläufe, Körperstellungen und Lautäußerungen. Verhalten wird in einzelne Verhaltensweisen untergliedert, die immer wieder gleich ablaufen. Man kann sie den Bereichen Ruheverhalten (z. B. Schlafen), Fortbewegung (z. B. Klettern), Körperpflege (z. B. Lausen), Nahrungserwerb (z. B. Zerreißen der Beute), Angriff und Flucht (z. B. Beißen) sowie Fortpflanzung (Füttern) zuordnen.

8.1 Methoden der Verhaltensbiologie

Methoden der Verhaltensforschung an Tieren

Laborversuche, also Beobachtungen unter kontrollierbaren übersichtlichen Bedingungen, lassen Aussagen über Ursache-Wirkungs-Zusammenhänge zu. Das Verhalten gefangener Tiere kann jedoch gegenüber ihrem natürlichen verändert sein.

Freilandbeobachtungen zeigen Wirkung und Erfolg einer bestimmten Verhaltensweise im angestammten Lebensraum.

Eine Verbindung von Beobachtung und gezieltem Experiment ermöglichen zahme frei lebende Tiere.

Isolierungsexperimente enthalten dem Tier durch isolierte Aufzucht bestimmte Erfahrungen vor. Der Vergleich mit normal aufgezogenen Artgenossen lässt Schlussfolgerungen über angeborene und erworbene Verhaltensanteile zu.

Technische Hilfsmittel wie Filme, Fotos, Tonaufzeichnungen ermöglichen die Dokumentation der Beobachtungen und die Überprüfung der Ergebnisse.

Methoden der Verhaltensforschung am Menschen
Die Humanethologie befasst sich mit den biologischen Grundlagen des menschlichen Verhaltens. Dabei sind Experimente, die für den Menschen schädlich sein könnten, verboten. Möglich sind *vergleichende Beobachtungen verschiedener Menschen*, aber auch der *Vergleich von Mensch und Tier*.

- Beobachtungen von Säuglingen und taubblinden Kindern können Auskunft geben, ob Verhaltensweisen angeboren sind.
- Der Vergleich von Menschen verschiedener Kulturen zeigt, dass Ausdrucksbewegungen wie Lachen, Grüßen und Abwehr bei allen Menschen gleiche Grundmuster haben.
- Beim Tier-Mensch-Vergleich darf nicht einfach von tierischem auf menschliches Verhalten geschlossen werden, es ergeben sich jedoch Arbeitshypothesen für die Untersuchung menschlichen Verhaltens.

▶ **ÜBERLEGE** Wie lassen sich Verhaltensweisen ausgewählter Tiere beschreiben und zuordnen?
Warum ist menschliches Verhalten besonders schwer wissenschaftlich zu bewerten?

8.2 Angeborenes Verhalten

Verhaltensweisen, die ohne vorherige Erfahrung ablaufen, bezeichnet man als angeboren (genetisch festgelegt). Bei den meisten Verhaltensweisen ist jedoch auch Erfahrung beteiligt. Angeborene und erlernte Verhaltensanteile wirken dann zusammen.

Unbedingter Reflex
Ein Reflex ist eine durch einen Außenreiz hervorgerufene unwillkürlich ablaufende Reaktion (↗ S. 97). Beim Reflex handelt es ist um eine sehr einfache Form angeborenen Verhaltens, das jederzeit auslösbar und so gut wie nicht veränderbar ist.
Reflexe stellen elementare Bewegungen sicher (z. B. Saugen und

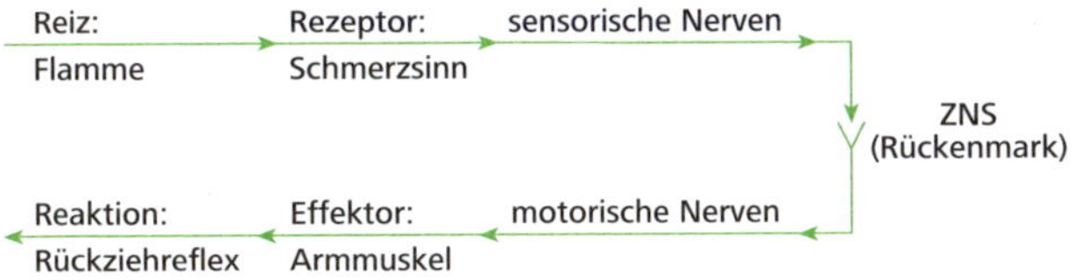

Schema eines Reflexbogens

Klammern der Jungtiere) oder sie schützen den Körper (z. B. Nies- und Rückziehreflex).

▶ **VERNETZUNG** Informationsverarbeitung, S. 94

Werden Reflexe von ererbten Reizmustern ausgelöst (wie z. B. Speichelfluss bei wohlriechendem Essen), spricht man in der Verhaltensforschung von *unbedingten Reflexen*.

Instinkthandlung

Reize, die angeborenes Verhalten auslösen, bezeichnet man als *Schlüsselreize*. Kommen sie von Artgenossen, spricht man auch von *Auslösern*. Werden Schlüsselreize mit angeborenen, arttypischen Handlungen verknüpft, liegt eine *Instinkthandlung* vor. Instinkthandlungen laufen wie Reflexe starr ab, sind aber umfangreicher und komplizierter. Mit einfachen *Attrappen* lässt sich herausfinden, wodurch sie genau ausgelöst werden.

Sind Tiere und Menschen handlungsbereit und wirkt der richtige Reiz (Schlüsselreiz, Auslöser) ein, sorgt ein *Auslösemechanismus* dafür, dass das zugehörige Verhalten (z. B. Paarungsverhalten) abläuft. Die *Handlungsbereitschaft*, auch innere Gestimmtheit, Motivation oder Antrieb genannt, wird von *inneren Faktoren* (z. B. Hormonspiegel, Hunger) und von *äußeren Faktoren* (z. B. Wetter, Tageslänge) beeinflusst. Beim *angeborenen Auslösemechanismus* (AAM) filtert eine Funktionseinheit des Gehirns unter den zahlreichen angebotenen Reizen diejenigen aus, die als Schlüsselreize wirken.

Handlungsbereitschaft —> Schlüsselreiz —> AAM —> Instinktbewegung

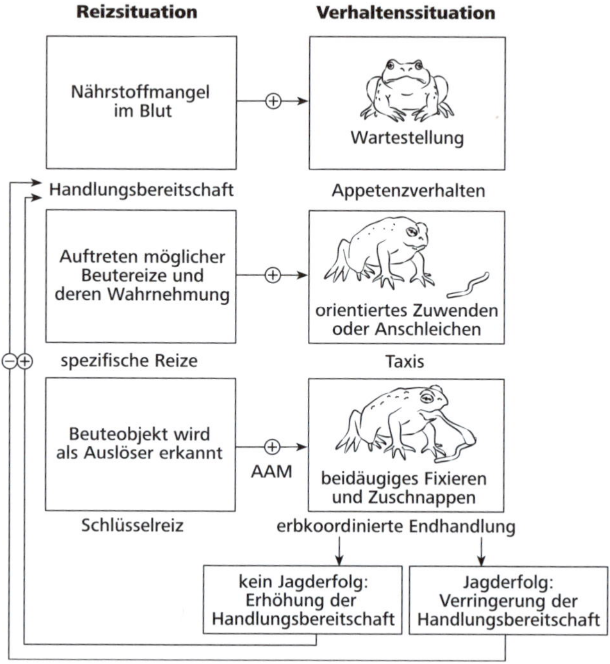

Instinkthandlung: Beutefangverhalten der Erdkröte

Die Abbildung oben zeigt am Beispiel des Beutefangverhaltens der Erdkröte, wie eine Instinkthandlung abläuft.
Als *Handlungskette* bezeichnet man eine Abfolge von Schlüsselreizen und Handlungen, wobei jede einzelne Handlung zum Auslöser der nächsten werden kann. Die Balz des Stichlings ist eine solche Handlungskette (↗ Abb. S. 179).
In der Regel beginnt ein Tier aktiv nach dem auslösenden Reiz zu suchen. Diese Suche nennt man *Appetenzverhalten*.
Bei der Erklärung von angeborenem Verhalten muss immer die Stärke der inneren Handlungsbereitschaft und die Wirksamkeit

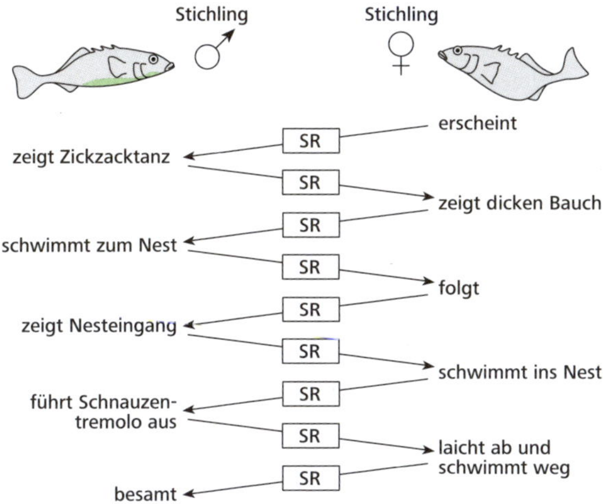

Handlungskette und Paarungsverhalten beim Stichling

des Schlüsselreizes zusammen betrachtet werden (doppelte Bedingtheit). Ist die Handlungsbereitschaft sehr stark, kann die Endhandlung sogar ohne vorherigen Schlüsselreiz als *Leerlaufhandlung* erfolgen.

Angeborenes Verhalten beim Menschen

Verhalten von Säuglingen: Säuglinge können von Geburt an durch Kopfbewegung die Brust der Mutter suchen, sie können saugen, trinken, weinen und schreien. Anfangs greifen sie fest um jeden Gegenstand, der die Handflächen berührt (Greifreflex). Das *sofortige Beherrschen* so komplizierter Vorgänge spricht dafür, dass diese angeboren sind.

Taubblind geborene Kinder können nicht durch Nachahmung lernen. Trotzdem lachen, weinen und zürnen sie und ihr Gesichtsausdruck ist dabei derselbe wie der gesunder Kinder. Auch dies spricht für angeborenes Verhalten.

Kindchenschema: Säuglinge und Kleinkinder lösen durch ihr Aussehen bei den Mitmenschen Zuwendung und Zärtlichkeit aus. Experimente mit Nachbildungen (Attrappenversuche) zeigen, dass verschiedene Merkmale das *Zuwendungsverhalten* auslösen: Pausbacken, große Augen, großer Kopf und tollpatschige Bewegungen.
Für Säuglinge ist die *sichere Bindung* an eine Bezugsperson (Mutter-Kind-Beziehung) überlebensnotwendig. Sie ist unter anderem Voraussetzung dafür, dass sich später verlässliche Bindungen an Partner und Gruppen bilden.
Schlüsselreize: Die Reize des *Kindchenschemas* wirken auf Menschen aller Kulturkreise. Die Reaktion ist demnach angeboren, die Reize sind also *Auslöser* oder *Schlüsselreize.*
Auch das *Mann-* und *Frauschema* lösen beim jeweils anderen Geschlecht Zuwendungsreaktionen aus.

▶ **ÜBERLEGE** Menschen verschiedener Kulturen zeigen oft ähnliche Mimik und Gestik. Was lässt sich daraus schließen?
Der Mensch zeigt zum Teil ähnliche Verhaltensmuster wie die Tiere. Warum lösen bei ihm Schlüsselreize nicht zwangsläufig eine vorprogrammierte Handlung aus?

8.3 Lernen

Sind Verhaltensänderungen durch Erfahrung bedingt und haben sie eine gewisse Zeit Bestand, spricht man von *Lernen.* Damit Tiere überhaupt lernen können, müssen sie Reize und Reaktionen mit ihren Sinnesorganen aufnehmen und mit ihrem Gehirn verarbeiten, dies im Gedächtnis als Erfahrung speichern und im richtigen Augenblick wieder abrufen können. Unter Nutzung von Erfahrungen führen Lernprozesse schließlich zu individuellen Verhaltensanpassungen an sich verändernde Umweltbedingungen.
Man unterscheidet verschiedene Formen des Lernens.

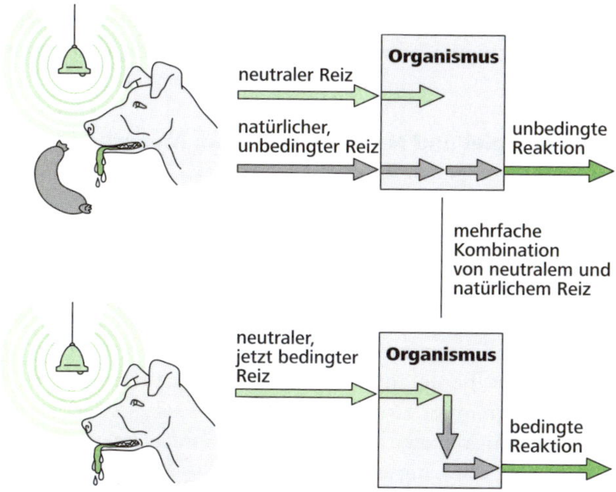

Entstehung einer bedingten Reaktion (PAWLOWscher Versuch)

Konditionierung – Bildung einer bedingten Reaktion (bedingter Reflex)

8

Stellen wir uns unsere Lieblingsspeise vor, läuft uns das Wasser im Munde zusammen, hören wir ein Surren wie das des Zahnarztbohrers, steigt unser Blutdruck. Das Erlernen solcher Reiz-Reaktions-Muster nennt man *Konditionierung* oder *Bildung einer bedingten Reaktion.*

Die Abbildung zeigt dies am Beispiel: Beim bedingten Reflex wird ein zunächst neutraler Reiz (Glocke) so mit einem natürlichen Reiz (Wurst) verknüpft, dass er schließlich die Reaktion (Speichelfluss) allein auszulösen vermag.

Gewöhnung

Das Ticken einer Uhr nehmen wir nach einiger Zeit nicht mehr wahr, Vögel in der Stadt lassen sich vom Straßenlärm nicht mehr stören. Menschen und Tiere können sich an unbedeutende Reize gewöhnen. *Gewöhnung* bedeutet, dass ein solcher Reiz nicht mehr wahrgenommen wird, eine zuerst vorhandene Reaktion geht verloren.

Neugier, Spiel und Nachahmung beim Menschen

Der Mensch zeigt eine angeborene *Lernbereitschaft*. Alle Kleinkinder erkunden neugierig ihre Umwelt. Diese angeborene Neugier ist Voraussetzung für menschliches Lernen. Auch Erwachsene sind neugierig. Im Gegensatz zu Tieren können Menschen lebenslang lernen.

Im Spiel backen Kinder Sandkuchen oder fliehen vor „Räubern". Dabei haben sie weder Hunger noch Angst. Dem *Spielverhalten* fehlt der Ernstbezug. Im Spiel werden aber bestimmte Verhaltensabläufe trainiert, also gelernt.

Mit etwa neun Monaten ahmen Säuglinge Sprachlaute der Eltern nach, später den Umgang mit dem Löffel oder andere Verhaltensweisen der Bezugspersonen. Das Übernehmen von Verhaltensweisen eines Vorbilds nennt man *Nachahmung*.

Lernen durch Versuch und Irrtum beim Menschen

Viele Lernprozesse beim Menschen verlaufen nach dem Prinzip des *Lernens am Erfolg*. Das richtige Ausführen bestimmter Tätigkeiten wird durch Erfolg „belohnt" und verstärkt dieses Verhalten. Das Verhalten wird zukünftig beibehalten. Wird die Tätigkeit irrtümlich falsch ausgeführt, wird am *Misserfolg* gelernt. Die Fehlentscheidung wirkt wie eine „Strafe" und bremst ein solches Verhalten in Zukunft.

Einsichtiges Verhalten

Die Lösung von Mathematikaufgaben, Übersetzungsübungen oder das Zeichnen einer Planskizze spielen wir im Gehirn durch, wir *denken nach*. Das Ergebnis der Überlegungen kann auf neue, ähnliche Probleme übertragen werden. Das *Lernen durch Einsicht* versetzt Menschen in die Lage, den Erfolg oder Misserfolg einer Handlung vorauszusehen und entsprechend zu handeln.

Zum Lernen durch Einsicht sind außer dem Menschen und den Affen nur wenige Säugetiere und Vögel fähig.

Tradition

Im Gegensatz zu Tieren können Menschen *Erfahrungen* und *Wissen* mithilfe von Sprache und Schrift an folgende Generationen *weitergeben*. Durch das Übernehmen dieser Verhaltensweisen früherer Generationen bilden sich Traditionen. Traditionsbildung gibt es auch bei einigen Affenarten (z. B. Makaken, Schimpansen).

Prägung

Anfangs lächelt ein Säugling jedes Gesicht an, später nur noch das seiner Bezugspersonen. Bei fremden Gesichtern *fremdelt* er abweisend oder ängstlich. Das Kind wurde auf seine Bezugsperson geprägt.
Prägung ist ein besonderer Lernvorgang, der nur während einer besonderen Phase möglich ist. Im Falle der Prägung auf eine Bezugsperson liegt die *sensible Phase* im Säuglingsalter.
Auch bei Tieren sind Prägungsvorgänge auf eine kurze sensible Phase beschränkt.

Lernvorgänge bei Tieren

Auch Tiere lernen auf verschiedene Weise: Sie lernen am Erfolg (klassische Konditionierung, Lernen bedingter Aktionen in der SKINNER-Box), durch Nachahmung (Beutefangverhalten junger Raubtiere), Erfahrung (Traditionsbildung bei Japanmakaken) und Gewöhnung (Ausbleiben einer Schreckreaktion bei häufiger Störung). Vor allem Menschenaffen zeigen daneben auch ein Lernen durch Einsicht (KÖHLER-Versuche zu einsichtigem Verhalten bei Schimpansen).

▶ **ÜBERLEGE** Angeborenes Verhalten wird durch Lernen ergänzt. Dabei haben die unterschiedlichen Lernformen bei Tier und Mensch verschiedene Bedeutung. Erläutere beispielhaft.

8.4 Sozialverhalten

Alle Verhaltensweisen, die sich auf den Umgang mit Artgenossen beziehen, bezeichnet man als *Sozialverhalten*. Bei Tierarten, die als Einzelgänger leben, sind soziale Verhaltensweisen geringer ausgeprägt als bei geselligen Tierarten.

Tiergesellschaften

Es gibt bei Tieren verschiedene Formen sozialer Zusammenschlüsse:

- *Aggregation* (Scheingesellschaft) ist die zufällige Ansammlung von Artgenossen aufgrund ökologischer Faktoren wie Meeresströmungen (z. B. Ansammlung von Quallen) oder eine Wasserstelle in einem Trockengebiet.
- Bei *anonymen Verbänden* kennen sich die Artgenossen nicht individuell. Beim *offenen anonymen Verband* kommt es zu einem ständigen Mitgliederwechsel (z. B. Heringsschwarm). In einem Insektenstaat als *geschlossenem anonymem Verband* ist ein Mitgliederzuwachs durch gruppenfremde Artgenossen aufgrund des Nestgeruchs als Erkennungsmerkmal nicht möglich.
- Beim *individualisierten Verband* erkennen sich die Mitglieder an individuellen Merkmalen (z. B. Paviantrupp).

Vorteile sozialen Verhaltens sind ein besserer Schutz des Einzeltieres oder der leichtere Nahrungserwerb durch gemeinsame Jagd. Gruppenverhalten ist genetisch festgelegt (angeboren).

Gruppenbildung beim Menschen

Auch der Mensch ist ein soziales Wesen. Nur in der Gruppe kann er überleben. Menschen bilden aus unterschiedlichsten Gründen Gruppen, seien es Vereine, Bürgerinitiativen, Stämme oder Staaten.

Mitglieder großer Gruppen kennen sich nicht alle persönlich. *Gemeinsame Abzeichen* signalisieren die Gruppenzugehörigkeit. Von den Gruppenmitgliedern wird erwartet, dass sie sich der

Gruppennorm entsprechend verhalten. Es entstehen *Gruppenzwänge*. Die Einhaltung der Normen unterliegt der sozialen Kontrolle. Abweichendes Verhalten wird mit negativen, normgerechtes Verhalten mit positiven Sanktionen belegt.

Aggressionsverhalten

Aggressives Verhalten bei Tieren tritt zwischenartlich und innerartlich auf. Die innerartliche Aggression ist ein Anzeichen für eine Konkurrenzsituation. Neben Drohverhalten kann es dabei auch zu Turnier- (Komment-) und Beschädigungskämpfen kommen.

Aggression beim Menschen kann sich als Wut, Zorn oder Hass zeigen. Aggressionsverhalten wird eingesetzt zum Schutz der Nachkommen, zur Durchsetzung bestimmter Verhaltensregeln, zur Verteidigung oder Eroberung von Besitz und Territorien. *Beschwichtigungsverhalten* wie Lächeln, Grüßen, Kopfsenken und Weinen wirkt aggressionshemmend, *Imponier-* und *Drohverhalten* wirkt aggressionssteigernd.

Aggressionen treten bei allen Menschen auf, was auf ein angeborenes Verhalten schließen lässt. Psychologische Untersuchungen haben gezeigt, dass Aggressionsverhalten auch *erlernt* wird oder als Folge von *Frustrationen* auftreten kann. Beim Menschen sind u. a. wegen seiner angeborenen Fähigkeit zur Aggression Regeln für das Gemeinschaftsleben nötig.

Rangordnungsverhalten

Bei Tieren, die in Gruppen leben, bilden sich meist *Rangordnungen* aus. Dadurch werden Aggressionen vermindert, Arbeitsteilungen möglich und somit ein geordnetes Zusammenleben erleichtert.

Beim Menschen sind *Statussymbole* wie Titel, Abzeichen und Orden Ausdruck von Rangordnungen innerhalb bestimmter Gruppen. Auch hier regelt eine Rangordnung soziales Verhalten innerhalb von Gruppen. Voraussetzung ist, dass die Gruppenmitglieder die Rangunterschiede anerkennen.

Territoriales Verhalten

Menschen und Tiere beanspruchen *Reviere* oder *Territorien*, die sie gegenüber Artgenossen verteidigen. Bei Tieren erfolgt die Revierabgrenzung z. B. über Duftmarkierung oder akustisch (z. B. Vogelgesang). Die Größe des Reviers wird durch die Tierart, die Revierfunktion (Nahrungsrevier, Schlafrevier, Brutrevier) und die Menge der zur Verfügung stehenden Ressourcen bestimmt. Man unterscheidet Individualreviere, die nur von einem Individuum besetzt werden, von Gruppenrevieren, in denen mehrere Individuen eines Tierverbandes leben.

Auch Menschen hüten ihre *Privatsphäre*. Dringt jemand ohne *Beschwichtigungsverhalten* ein, wird dies meist als Aggression empfunden. Die unsichtbare *Individualdistanz* um unseren Körper dürfen nur nahestehende Menschen unterschreiten. Menschengruppen grenzen ebenso eigene Territorien oder Reviere ab. Gartenzäune, Gemarkungs- oder Staatsgrenzen dienen als *Reviergrenzen*.

▶ **ÜBERLEGE** Welche Voraussetzungen müssen erfüllt sein, damit sich in einer Gruppe von Tieren eine Rangordnung ausbildet?

Selbstkontrolle

Der Mensch kann sein Verhalten überdenken und selbst bestimmen. Er kann und muss sich seine Handlungen kritisch *bewusst* machen. Eine wichtige Aufgabe der *Erziehung* ist das Hinführen zu *mitmenschlichem Verhalten*, das Rücksicht auf andere nimmt und ihnen dieselben Rechte zugesteht, die man für sich selbst in Anspruch nimmt.

Lerncheck

Kapitel „Verhalten bei Mensch und Tier“	O. K. ✓	Das muss ich noch mal lesen
Ich kann die verschiedenen Fragestellungen und Methoden der Verhaltensforschung angeben und unterscheiden.		S. 175, 176
Ich kann angeborene und erlernte Anteile des Verhaltens vergleichend gegenüberstellen.		S. 176–183
Ich kann die Bedeutung und Wirkung eines Schlüsselreizes beurteilen und an einem Beispiel erklären.		S. 177–179
Ich kann den Ablauf und die Bedingungen einer Instinkthandlung beschreiben.		S. 177–179
Ich kann die verschiedenen Formen des Lernens definieren und dazu Beispiele aufführen.		S. 180–183
Ich kann verschiedene Erscheinungsformen und Mechanismen des Sozialverhaltens nennen.		S. 184–186
Ich kann verschiedene Formen von Tiergesellschaften nennen und unterscheiden.		S. 184
Ich kann die biologischen Grundlagen und Besonderheiten menschlichen Verhaltens erörtern.		S. 179–183 und S. 184–186

9 Evolution der Lebewesen

Der Begriff Evolution meint alle Veränderungen, durch die das Leben auf der Erde zu seiner heutigen Vielfalt gelangt ist. Dazu gehört die Entstehung des Lebens auf der Erde ebenso wie die Neubildung, Umwandlung sowie Höher- und Weiterentwicklung von Arten.

9.1 Die Geschichte des Lebens auf der Erde

Erdzeitalter

Unsere Erde ist etwa fünf Milliarden Jahre alt. Vor rund 3,7 Milliarden Jahren entwickelte sich erstes Leben auf der Erde. Seither hat es sich ständig weiterentwickelt und verändert. Dies bezeugen zahlreiche Fossilfunde (↗ S. 191).
Um einen Überblick über die Geschichte des Lebens zu erhalten, hat man die Erdgeschichte in verschiedene Erdzeitalter unterteilt: Erdurzeit, Erdaltertum, Erdmittelalter und Erdneuzeit.
Im ersten Zeitabschnitt, der **Erdurzeit**, entwickelten sich Bakterien, Algen und die wirbellosen Tiere. Das **Erdaltertum** begann vor rund 570 Millionen Jahren und endete vor etwa 250 Millionen Jahren. Unter den Wirbeltieren waren Fische und mit Eroberung des festen Landes Amphibien die vorherrschenden Gruppen. Bei den Pflanzen entwickelten sich Schachtelhalme, Bärlappe und Farne. Das **Erdmittelalter** dauerte bis vor etwa 70 Millionen Jahren. Reptilien und im Meer Ammoniten waren die vorherrschenden Tiergruppen. Nadelbäume entwickelten sich.
In der anschließenden **Erdneuzeit** beherrschten Insekten, Vögel und Säugetiere die Erde.

Höherentwicklung

Wichtige Schritte in der Evolution waren die Entwicklung der Fotosynthese (↗ S. 50) und der Zellatmung (↗ S. 75). Durch Symbiose von prokaryotischen Zellen (Procyten) mit Mitochondrien und Chloroplasten entstanden möglicherweise die ersten Eucyten (↗ S. 7).

Die ersten Lebewesen lebten im Meer. Pflanzen begannen zuerst, sich das Land als Lebensraum zu erobern. Sie entwickelten Organe zur Wasserversorgung und Schutzeinrichtungen gegen das Austrocknen. Die ersten Landtiere waren Gliederfüßer. Ihr Chitinpanzer bot Schutz vor Austrocknung. Bei den Wirbeltieren erfolgte der Übergang aufs Land durch die Fischgruppe der Quastenflosser (↗ S. 193). Aus ihnen entwickelten sich die Urlurche. Aus Urlurchen entstanden neben Lurchen auch die Urkriechtiere, auf die alle übrigen landlebenden Wirbeltiere zurückgehen.

Ein wichtiger Fortschritt in der Evolution der Wirbeltiere war die Entwicklung der konstanten Körpertemperatur (Warmblütigkeit).

Mit der Weiter- bzw. Höherentwicklung gelang es den Lebewesen, immer neue Lebensräume zu erschließen.

▶ VERNETZUNG Anpassung bei Tieren, S. 23 u. 32

9.2 Belege für den Verlauf der Evolution

Für die stammesgeschichtliche Entwicklung aller Lebewesen gibt es zahlreiche Beweise.

Homologe Organe

Ähnlichkeiten in der Gestalt beruhen vielfach darauf, dass Lebewesen miteinander verwandt sind, das heißt, dass sie von den gleichen Vorfahren abstammen. Je größer der zeitliche Abstand zu den Vorfahren ist, desto unähnlicher können die Nachfahren aber auch sein.

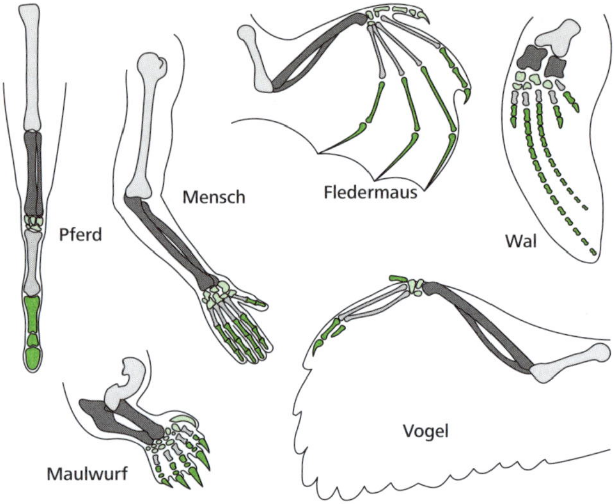

Homologie bei Vordergliedmaßen verschiedener Wirbeltiere

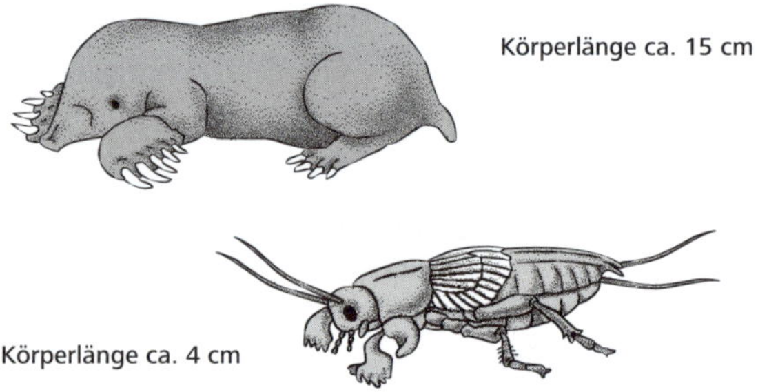

Analogie der Vordergliedmaßen bei Maulwurf und Maulwurfsgrille

Homologe Organe finden sich bei verwandten Arten. Sie haben den gleichen Grundbauplan und die gleiche Lage.
Analoge Organe finden sich bei nicht verwandten Arten. Aufgrund ähnlicher Funktion ist der äußere Bau zwar ähnlich, die

Grundbaupläne sind aber verschieden und haben keinen gemeinsamen Ursprung. Analoge Organe beweisen daher keine Abstammung.

▶ **ÜBERLEGE** Vergleiche den Flügel einer Fledermaus, die Grabschaufel des Maulwurfs und die der Maulwurfsgrille. Wie lässt sich hier Verwandtschaft beweisen? Welche Organe sind homolog, welche analog?

Belege aus Zell- und Molekularbiologie

- Alle Lebewesen bestehen aus Zellen (↗ S. 53). Die Zellorganellen der verschiedenen Lebewesen zeigen deutliche Übereinstimmungen im Bau. Daraus lässt sich der Schluss ziehen, dass alle Lebewesen aus einer Urzellform entstanden sind.
- Ebenso weisen alle Lebewesen die gleichen chemischen Grundbausteine auf und haben den gleichen genetischen Code (↗ S. 143). Viele Stoffwechselprozesse wie Zellatmung, Energieübertragung durch ATP und die Proteinbiosynthese laufen bei der Mehrzahl der Pflanzen und Tiere gleich ab und belegen eine gemeinsame Abstammung.
- Die DNA-Basensequenz und die Aminosäuresequenz von Proteinen stimmen bei nah verwandten Arten weitgehend überein (↗ S. 140).

▶ **ÜBERLEGE** Welche Folgerungen ergeben sich aus den gemeinsam und unterschiedlich vorkommenden Zellstrukturen?

Paläontologische Beweise

Fossilien sind Spuren oder versteinerte Überreste von Lebewesen. Mit ihrer Erforschung befasst sich die *Paläontologie*. Werden tote Pflanzen und Tiere unter Luftabschluss in Gesteinsablagerungen (Sedimenten) eingebettet, können widerstandsfähige Hartteile wie Zähne, Schuppen, Knochen oder Gehäuse erhalten bleiben. Selten erhalten sich Abdrücke von Weichteilen. Fossilien finden sich nur in Ablagerungsgesteinen.

Leitfossilien kommen nur in bestimmten geologischen Schichten vor, sind dort aber weitverbreitet. Ihr Vorkommen gilt also als Merkmal dieser Schicht. So sind z. B. verschiedene Ammoniten für bestimmte Abschnitte des Erdmittelalters kennzeichnend.

Altersbestimmung: Es gibt verschiedene Methoden der Altersbestimmung:

Die *relative Altersbestimmung* geht davon aus, dass Sedimentgesteine umso älter sind, je tiefer sie in einer Schichtenabfolge liegen. Ein Vergleich mit heute ablaufenden Ablagerungsprozessen ermöglicht eine Schätzung des relativen Alters einer bestimmten Schicht und der in ihr liegenden Fossilien.

Die *absolute Altersbestimmung* wendet physikalische Methoden an, die auf dem spontan ablaufenden Zerfall radioaktiver Isotope im Fossil oder im umgebenden Gestein beruhen. Die Zeit, in der die Hälfte des Ausgangsstoffes zerfällt, wird als Halbwertszeit bezeichnet.

- Bei der *Radiocarbonmethode* wird die Menge des noch im Fossil vorhandenen ^{14}C-Isotops bestimmt. Die Halbwertszeit von radioaktivem Kohlenstoff ist mit 5740 Jahren sehr kurz.
- Bei der *Kalium-Argon-Methode* rechnet man mit einem Zerfall von radioaktivem Kalium (^{40}K) zu Argon (^{40}Ar) und Calcium (^{40}Ca) bei einer Halbwertszeit von 1,3 Milliarden Jahren. Aus frischer Lava entweicht zunächst sämtliches Argon, es enthält aber Spuren von radioaktivem Kalium. Je älter vulkanisches Gestein ist, desto mehr Argon, das aus dem Zerfall von radioaktivem Kalium entstanden ist, hat sich hier angereichert.

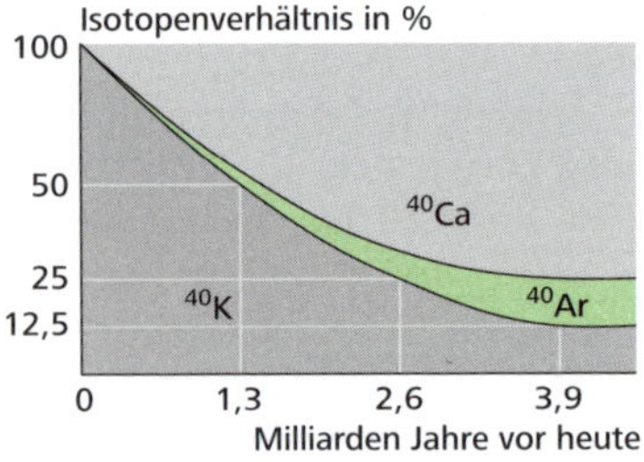

Kalium-Argon-Methode

Übergangsformen

Brückentiere tragen Merkmale verschiedener Tiergruppen.

- So besitzt der *Urvogel Archaeopteryx*, der vor rund 160 Millionen Jahren lebte, sowohl Merkmale der Kriechtiere (Reptilien) als auch der Vögel. Daher wird er als Übergangsform dieser beiden Wirbeltierklassen angesehen.
- Das *Schnabeltier* ist eine heute noch lebende Übergangsform. Es legt Eier wie die Kriechtiere, hat aber wie die Säugetiere ein Fell und säugt seine Jungen.
- Der *Quastenflosser* hat sich über viele Millionen Jahre hinweg kaum verändert. Man bezeichnet ihn daher als *lebendes Fossil*. Quastenflosser gelten als Übergangsform zwischen Fischen und Landwirbeltieren.

▶ **ÜBERLEGE** Was soll der Begriff Übergangsform ausdrücken? Warum wird auch von Bindegliedern gesprochen?

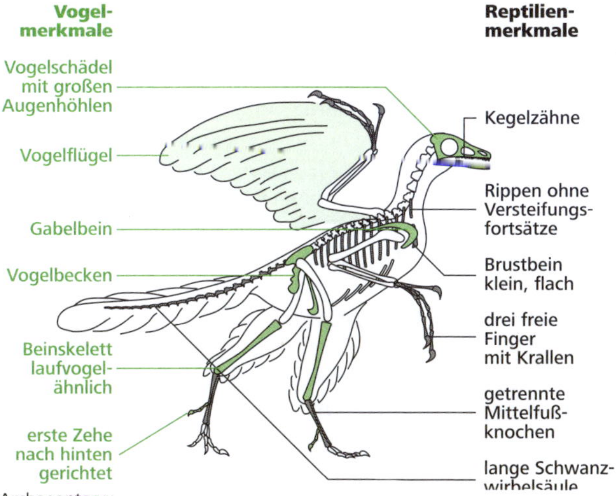

Archaeopteryx

Weitere Hinweise auf Verwandtschaft

Rudimentäre Organe sind Organe, die im Verlauf der Evolution ihre Funktion verloren haben, aber noch als Reste vorhanden sind. Beispiele: Steißbein als Rückbildung der Schwanzwirbelsäule und Muskeln zur Ohrbewegung beim Menschen, Reste des Beckengürtels beim Wal, überzählige zweite Zehe (Griffelbein) beim Pferd.

Von **Atavismen** spricht man, wenn in Ausnahmefällen urtümliche Merkmale bei einzelnen jetzt lebenden Lebewesen auftreten. Beispiele: Pferde mit einem zweiten oder dritten Huf, verlängertes Steißbein beim Menschen. Bei diesen Atavismen wird genetische Information der Vorfahren, die normalerweise unterdrückt wird, anomal wieder verwirklicht.

In frühen **Stadien der Keimesentwicklung** sehen sich die Embryonen der Wirbeltiere recht ähnlich. Bestimmte Merkmale werden in der Embryonalentwicklung noch angelegt, obwohl sie später nicht erscheinen. Dazu zählen beim menschlichen Embryo die Kiemenbogenanlage, die Schwanzanlage und ein röhrenförmiges Herz.

Entwicklungsreihen homologer Organe zeigen vielfach die Entwicklung vom Einfachen zum Komplizierten. So nimmt z. B. bei den Wirbeltieren die Gehirngröße im Verlauf der Evolution im Vergleich zur Körpergröße immer mehr zu. Mit der Größenzunahme erfolgt eine Leistungssteigerung.

Die **Vergleichende Verhaltensforschung** liefert zahlreiche Beispiele homologer Verhaltensweisen. Beispiele: Heulstrophen bei Hund, Wolf und Schakal, Ritualisierung bei der Balz von Fasanenvögeln.

Durch **Pflanzen- und Tierzüchtung** entstehen ständig neue Sorten bzw. Rassen, bei denen zahlreiche Eigenschaften vererbt werden und der Abstammungszusammenhang eindeutig bestätigt ist. Beispiele: Getreidesorten, Hunderassen.

9.3 Evolutionsfaktoren

Evolutionstheorien

LAMARCK (1744–1829) ging von der Vererbung erworbener Eigenschaften und einem kontinuierlichen Artenwandel aus. Als Ursache des Wandels sah er veränderte Bedürfnisse und Gewohnheiten an. Ein den Lebewesen innewohnender Drang zur Vervollkommnung führe zur Anpassung an veränderte Umweltbedingungen. Die im individuellen Leben erworbenen Eigenschaften werden nach LAMARCK schließlich vererbt.
Die Annahme LAMARCKS, dass erworbene Eigenschaften vererbt würden, ist aus heutiger Sicht falsch. Modifikationen (↗ S. 146) werden nicht weitervererbt.

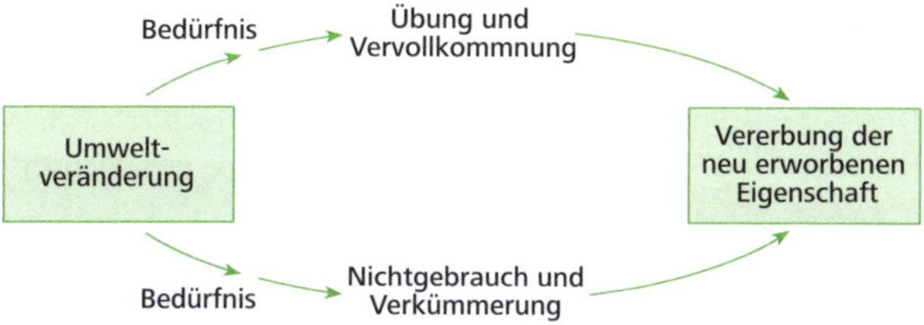

LAMARCKS Theorie vom Artwandel

DARWIN (1809–1882) erklärte die Veränderung der Arten aufgrund langjähriger wissenschaftlicher Beobachtungen durch Variation und Selektion. Seine wesentlichen, noch heute gültigen Aussagen waren:

- Alle Lebewesen erzeugen mehr Nachkommen, als zur Erhaltung der Art notwendig sind *(Überproduktion)*.
- Die Mitglieder einer Art unterscheiden sich voneinander und variieren in ihren Erbmerkmalen *(Variabilität)*.
- Im Kampf ums Dasein (struggle for life) überleben die jeweils am besten Angepassten (survival of the fittest). Die anderen gehen durch die natürliche Zuchtwahl zugrunde *(Auslese, Selektion)*.

- Die natürliche Auslese führt durch eine sich ständig vervollkommnende Anpassung zu einer allmählichen Veränderung der Arten *(Angepasstsein)*.

▶ **VERNETZUNG** Molekulargenetik, S. 140 und Ökologie, S. 153

Nach DARWIN gibt es also zwei treibende Kräfte für die Evolution:

1. *Erbliche Unterschiede* zwischen den Nachkommen.
2. *Selektion* aufgrund unterschiedlicher Anpassung an die jeweilige Umwelt.

Synthetische Theorie der Evolution: Die moderne *Synthetische Theorie der Evolution* fasst die Ergebnisse der Evolutionsforschung und der Genetik zusammen. Die Ursachen der Evolution liegen im Zusammenwirken der Evolutionsfaktoren:

Mutationen verändern die genetische Information und sind die Ursache für die Variabilität von Lebewesen (↗ S. 145).

Durch *Neukombination* von Genen bei der geschlechtlichen Fortpflanzung werden die erblichen Unterschiede der Phänotypen einer Art erweitert (↗ S. 131).

Selektion ist die natürliche Auslese durch Umweltbedingungen. Lebewesen, die besser angepasst sind, haben einen höheren Fortpflanzungserfolg. Man unterscheidet zwischen

- *abiotischen Selektionsfaktoren* (z. B. Temperatur, Niederschlag, Hitze, Feuchtigkeit) und
- *biotischen Selektionsfaktoren* (z. B. Fressfeinde, Parasiten, Konkurrenz um Nahrung, Geschlechtspartner, Reviere).

Isolation ist die Unterbindung der Paarung von Individuen einer Population (↗ S. 159). Dadurch wird die Durchmischung des Erbguts einer Population unterbunden. Die getrennten Teilpopulationen entwickeln sich unabhängig voneinander weiter. Häufig ist der entscheidende Schritt bei der Abspaltung einer Teilpopulation eine geografische Trennung (Kontinentaldrift, Wüstenbildung, Inselentstehung). Diese räumliche Trennung wird im Unterschied zur genetischen Isolation als Separation bezeichnet.

Artbildung

Rassen- und Artbildung: Die Aufspaltung von Teilpopulationen erfolgt zunächst so langsam, dass trotz erblicher Unterschiede eine Paarung zwischen allen Individuen noch möglich ist und die Nachkommen noch fruchtbar sind. Man spricht von verschiedenen *Rassen.*
Sind die Unterschiede so groß geworden, dass keine fortpflanzungsfähigen Nachkommen mehr gebildet werden oder sexuelle Kontakte gar nicht mehr möglich sind, spricht man von zwei Arten.
Artbegriff: Alle Individuen, die untereinander uneingeschränkt fruchtbar sind, gehören zu einer biologischen Art.
Adaptive Radiation: Die Aufspaltung einer Stammform in mehrere Arten nach der Besiedlung neuer Lebensräume wird als *adaptive Radiation* bezeichnet. Dadurch können verschiedene ökologische Nischen genutzt werden. Konkurrenz wird so vermieden. Beispiele: adaptive Radiation der Darwinfinken auf Galapagos und der Beuteltiere in Australien.
▶ VERNETZUNG Konkurrenz und Einnischung, S. 158

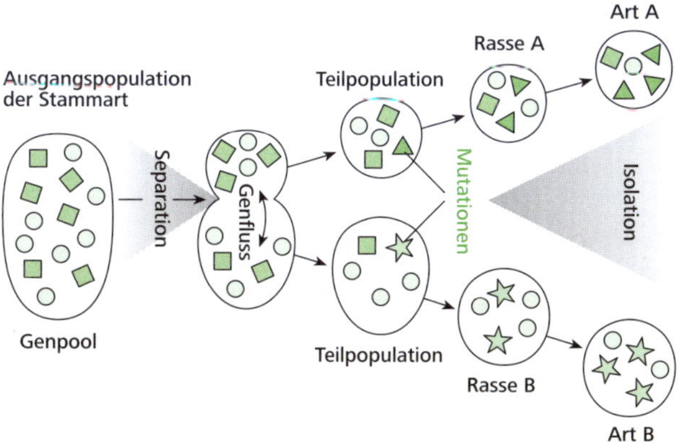

Schema: Rassen- und Artbildung

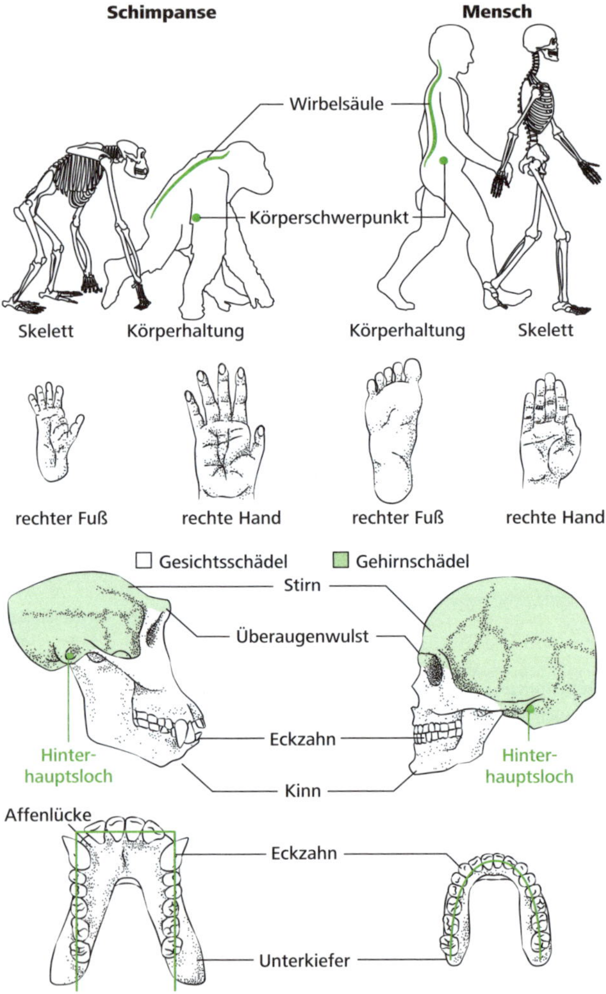

Schimpanse und Mensch im Vergleich

▶ **ÜBERLEGE** Warum sind Mutationen Voraussetzung für das Entstehen neuer Arten?
Welche Möglichkeiten der Trennung von Populationen sind denkbar?
Mehrere Arten von Kleidervögeln gibt es nur auf den Hawaii-Inseln. Erkläre.

9.4 Biologische und kulturelle Evolution des Menschen

Mensch und Menschenaffen im Vergleich

Viele ähnliche oder übereinstimmende Merkmale verweisen auf eine enge Verwandtschaft zwischen Mensch und Menschenaffen.
Gemeinsamkeiten: Menschen, Menschenaffen, Tieraffen und Halbaffen werden in der Ordnung *Primaten* zusammengefasst. Für alle Primaten gilt: Sie haben Greifhände und nach vorn gerichtete Augen, die räumliches Sehen ermöglichen. Ihr Gehirn ist verhältnismäßig groß. Der Nachwuchs wird intensiv und lange betreut.
Mensch und Menschenaffen zeigen besonders viele Gemeinsamkeiten:

- Ihr Brustkorb ist abgeflacht und verbreitert.
- Die Schulterblätter sind nach hinten verlagert.
- Auch die Menschenaffen benutzen ihre Vordergliedmaßen für Handlungen, die nicht zur Fortbewegung dienen.
- Ihr Gebiss hat die gleiche Zahnformel und gleich gebaute Backenzähne.
- Beim Großhirn sind die Bewegungsfelder und das Sehzentrum besonders gut entwickelt.

Sonderstellung des Menschen: Eine Reihe von Merkmalen ist allein für den Menschen kennzeichnend.
Skelettmerkmale. Nur der Mensch kann lange aufrecht gehen. Die Hände dienen nicht zur Fortbewegung. Die Wirbelsäule bildet einen federnden, doppelt s-förmig gekrümmten Stab. Der

Brustkorb des Menschen ist breiter und weniger tief. So liegt der Schwerpunkt auf der Körperachse. Die Schulterblätter sind weiter nach hinten gesetzt. Das Becken ist schüsselförmig gebaut und kann so die Eingeweide tragen. Um ein Abknicken des Skeletts zu verhindern, sind die Gesäß- und Wadenmuskeln besonders kräftig entwickelt.
Der Mensch ist ein Sohlengänger, die Fußsohle ist gewölbt, wodurch Erschütterungen beim Gehen abgefedert werden.
Die Hand des Menschen ist wenig spezialisiert, dafür aber vielseitig einsetzbar. Der Daumen kann jedem anderen Finger gegenübergestellt werden, wodurch die Hand fein und präzise arbeiten kann.
Der Gehirnschädel des Menschen ist steil nach oben gewölbt und größer als sein Gesichtsschädel. Das Hinterhauptsloch, Ansatzstelle der Wirbelsäule, liegt in der Mitte der Schädelbasis (↗ Abb. S. 198).
Die Zähne des Menschen sind kleiner und bilden eine geschlossene Zahnreihe.
Geistige und kulturelle Merkmale: Das menschliche Gehirn (↗ S. 96) ist äußerst kompliziert gebaut und außerordentlich leistungsfähig. Es kann umfangreiche Informationen speichern und verarbeiten. Ein besonderes Sprachzentrum ermöglicht eine abstrakte Wortsprache.
Zwar benutzen auch Menschenaffen gelegentlich Stöcke oder Steine als Werkzeug, die Werkzeuge des Menschen sind aber weitaus vielseitiger gestaltet und nur der Mensch kann gezielt mit Feuer umgehen. Darüber hinaus schafft er sich Werkzeuge für Situationen, die erst in der Zukunft eintreten.
Der Mensch erinnert sich seiner Vergangenheit und plant für die Zukunft. Er kann Erfahrungen auf neue Situationen übertragen, Folgen von Handlungen gedanklich vorwegnehmen und seine Umwelt nach seinen Bedürfnissen gestalten. Er ist das einzige Lebewesen, das seine Toten bestattet und religiöse Vorstellungen entwickelt hat.

Schlüsselereignisse in der Evolution des Menschen

Viele Anpassungen der baumlebenden frühen Primaten waren für die Evolution zum Menschen entscheidende Voraussetzungen. Greifhände mit Plattnägeln ermöglichten die Entwicklung der Hand. Räumliches Sehen und Farbensehen beeinflussten die Verfeinerung des Großhirns. Das unselbstständige Jungtier wird als *Tragling* lange von der Mutter versorgt. Der enge Sozialkontakt ermöglicht ausgiebiges Lernen durch Nachahmung.

Klimatische Veränderungen gegen Ende des Tertiärs vor fünf bis sechs Millionen Jahren mit einem Rückgang der Regenwälder führten in Ostafrika zu einem Übergang vom Baum- zum Bodenleben. Zweibeiniges Gehen war nun ein Selektionsvorteil. Der aufrechte Gang ermöglichte das Tragen von Nahrung mit den freien Vordergliedmaßen und ein Sichern über weite Strecken. Zudem war er energiesparender als der vierbeinige Gang. Mit dem Erwerb und der Vervollkommnung des aufrechten Ganges ging die Umformung des Skeletts einher.

Weitere Schlüsselereignisse in der Evolution des Menschen waren der Erwerb der Sprache, die Verlängerung der Jugend- und Altersphase, das Fehlen der Körperbehaarung und schließlich der Erwerb kultureller Techniken.

Menschwerdung (Hominisation)

Fossilfunde wie Skelettreste geben Informationen über die Entwicklung zum Menschen: Schädelfunde lassen Schlüsse über die Gehirngröße und die geistigen Fähigkeiten zu, Reste vom Becken geben Auskunft über die Fortbewegungsweise. Besonders gut bleiben Zähne als Fossilien erhalten. Werkzeuge und andere Spuren seiner Tätigkeit wie Höhlenmalereien und Grabbeigaben sind erst aus jüngerer Zeit bekannt.

Die Funde lassen zwei Entwicklungslinien erkennen,

- die der *Menschenaffen (Pongiden)* und
- die der *Menschenartigen (Hominiden)*, zu denen der jetzt lebende Mensch zusammen mit den Vor- und Frühmenschen gehört.

Vor etwa 35 Millionen Jahren lebte Propliopithecus, ein Tier so groß wie ein Rhesusaffe. Aufgrund seiner Zähne gilt er als gemeinsamer Vorfahre von Menschenaffen und Menschen.
Ein etwa 25 Millionen Jahre alter Fund wurde Aegyptopithecus genannt. Im Verlauf von Jahrmillionen entwickelten diese Vorfahren des Menschen, zu denen auch die Form Proconsul zählt, den aufrechten Gang.
Vormenschen (Prähominine) aus der Gruppe der Australopithecinen zählen zu den ältesten Menschenähnlichen, die wir kennen. Sie gelten als Bindeglied zwischen Tier und Mensch.
Frühmenschen (Euhominine) sind die ersten Vertreter der Gattung Mensch (Homo). Homo habilis stellte vermutlich schon bearbeitete Steinwerkzeuge her. Homo erectus beherrschte das Feuer. Er verbreitete sich als erster Hominide über Afrika hinaus.
Homo sapiens entwickelte sich aus Homo erectus. Er besaß ein deutlich größeres Gehirnvolumen und feiner bearbeitete Steinwerkzeuge. Man fand zahlreiche Zwischenformen. Aus einer entwickelte sich der Neandertaler, der vor knapp 30 000 Jahren verschwand. Der Neandertaler unterschied sich vom heutigen Menschen durch einen flacheren Schädel, eine kräftigere Muskulatur, massivere Knochen und Überaugenwülste.
Vom Jetztmenschen Homo sapiens kennt man älteste Funde aus Ostafrika. Er verdrängte den Neandertaler und besiedelte die ganze Erde.

Kulturelle Evolution

Kulturfossilien wie Werkzeuge, Höhlenmalereien und Grabbeigaben zeigen den Verlauf der kulturellen Entwicklung.
Die *kulturelle Evolution* verläuft schneller als die biologische. Statt der DNA (↗ S. 140) dienen hierbei Sprache, Schrift und Bilder als Informationsträger. Nicht Mutationen (↗ S. 145), sondern Traditionen, neue Weltanschauungen, Techniken und Moden sorgen für Variabilität. Diese unterliegen einer Selektion, je nachdem, ob sie übernommen oder verworfen werden.

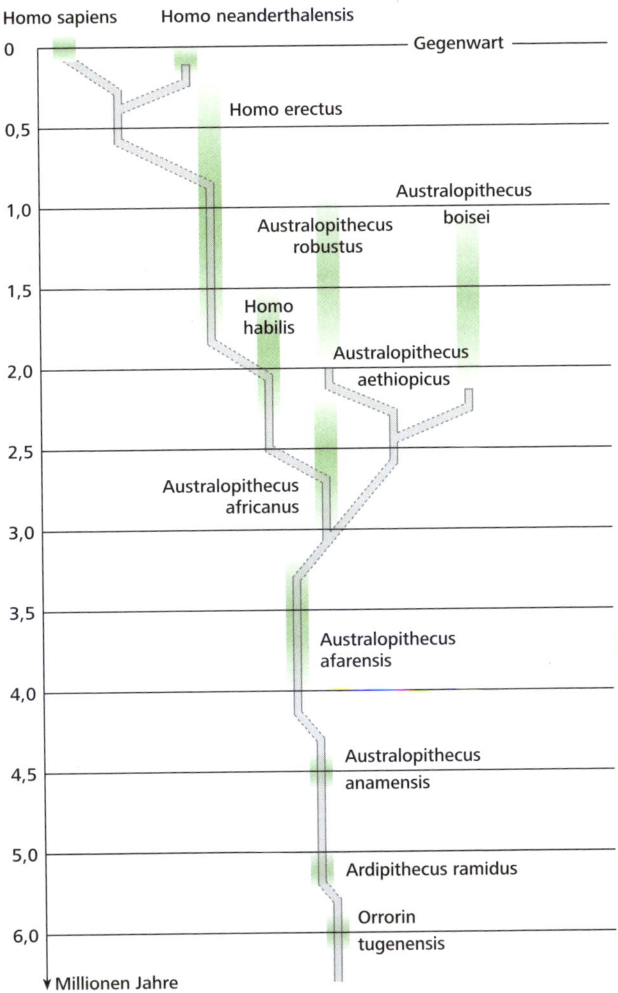

Vermutete Verwandtschaftsbeziehungen

Lerncheck

Kapitel „Evolution der Lebewesen“	O. K. ✓	Das muss ich noch mal lesen
Ich kann die zahlreichen Veränderungen, durch die das Leben auf der Erde zu seiner heutigen Vielfalt gelangt ist, als Ergebnis der Evolution darstellen.		S. 188
Ich kann verschiedene Belege als Beweis für die Tatsache der Evolution aufzählen und als Hinweise auf Verwandtschaft bewerten.		S. 189–194
Ich kann homologe und analoge Organe begründet unterscheiden.		S. 190, 191
Ich kann die Entstehung und Bedeutung von Fossilien erklären.		S. 191, 192
Ich kann Brückentiere als Übergangsformen zwischen Tiergruppen bewerten.		S. 193
Ich kann die Ideen LAMARCKS und DARWINS erklären und gegeneinander abgrenzen.		S. 195, 196
Ich kann Mutation, Neukombination, Selektion und Isolation als wichtige Evolutionsfaktoren erläutern.		S. 196
Ich kann eine Art definieren und die Entstehung neuer Arten erklären.		S. 197
Ich kann Unterschiede des Körperbaus menschlicher Vorfahren und des modernen Menschen beschreiben.		S. 198–200
Ich kann wesentliche Schlüsselereignisse in der Evolution des Menschen beurteilen.		S. 201
Ich kann menschliche Fossilfunde den Stadien der Entwicklung des Menschen begründet zuordnen.		S. 201, 202

Stichwortverzeichnis

abiotische Faktoren 153–157
Abwehr, körpereigene 108–114
Aggressionsverhalten 185
Aids 113, 120
Algen 45 f.
Allele 123 f., 126 f.
Allergien 113
Aminosäuren 70 f., 73 f., 143–145
Amphibien 19, 21, 24
Analogie 190 f.
Angepasstheit 8 f., 32 f., 23–28, 43–45, 196
Antigene 82, 109–112
Antikörper 67, 82, 110–112
Appetenzverhalten 178
Art 15, 197
Arterien 78 f.
Atmung 24, 75, 83 f.
ATP/ADP 51, 57, 65, 75–77
Auge 86–90
Auslese s. Selektion
Auslösemechanismus 177
Ausscheidung 85, 92
autotroph 36, 56, 155, 162

Bakterien 7, 64–67, 149
Baustoffe 56, 69 f.
Befruchtung 38, 118 f., 131, 133
  künstliche 148
Betriebsstoffe 56, 69 f.
Bewegungssystem 101–107
biologisches Gleichgewicht 161 f., 167, 170
Biotechnologie 67
biotische Faktoren 153, 157–161
Biotop 162
Blatt 37, 48 f.
Blaualgen s. Cyanobakterien
Blut 78–82, 83 f.
Blüte 36–38
Blutgerinnung 81
Blutgruppen 82, 135
Blutkörperchen
  rote 62, 75, 81 f.
  weiße 62, 81, 109–114
Blutkreislauf 78–80
Blutzuckerspiegel 100 f.
Brückentiere 193

Cellulose 47, 50, 55, 70, 72
Chlorophyll 36 f., 50, 55
Chloroplasten 50, 54 f., 189
Chromatiden 59 f., 131
Chromosomen 58–60, 124, 130–134, 142 f.
Chromosomensatz 59, 130 f.
Citronensäurezyklus 75
Crossing-over 132, 134
Cyanobakterien 65

Darm 73–75
DARWIN 195 f.
Destruenten 48, 66, 162–164
Diffusion 56 f.
DNA 58 f., 130, 140–145, 191
Drehsinn s. Gleichgewichtssinn

Einzeller 63
Eiweiße s. Proteine
Eizelle 116–119, 123, 132 f.
Empfängnisverhütung 120
Energiefluss 166
Energiestoffwechsel 50, 69 f., 75–77
Enzyme 72–74, 143–145
Erbanlagen s. Gene
Erbgänge 124, 126 f., 136–139

Erbkrankheiten 137–139, 145 f.
Ernährung 27, 69–77
Erythrocyten s. r. Blutkörperchen
Eucyte 7, 189
Eukaryoten 53
Evolutionsfaktoren 195–197

Farne 44 f.
Fette 50, 69–75
Fische 19–21, 24 f.
Flechten 45 f.
Fortpflanzung/Vermehrung
beim Menschen 114–120
bei Tieren 20–24, 32
bei Pflanzen 37, 38 f., 64
bei Pilzen 47
bei Einzellern 63
bei Bakterien 66
bei Viren 67
Fossilien 191
Fotosynthese 36 f., 50 f., 55, 189

Gärung 64 f.
Gasaustausch 37, 49–51, 83 f.
Gehirn 18, 86, 96 f., 199–201
Gelenke 103 f.
Gene 123, 130, 134 f., 142–146
genetischer Code 143, 145, 191
Genotyp 124, 126
Gentechnik 67, 148–151
Geruchssinn 92
Geschlechtsbestimmung 133 f.
Geschlechtsorgane 114–116
Geschmackssinn 92
Gewebe 10, 61 f.
Gleichgewichtssinn 92
gleichwarme Tiere 23, 153
Gliedertiere 29–34
Glucose 65, 70 f., 75 f., 100 f.
Glykogen/Glukagon 70 f., 100 f.

Halbwertszeit 192
Haut 92–94
Herz 78–80
heterotroph 47, 56, 162
heterozygot 124
Hirnanhangsdrüse 98, 100, 116 f.
Hohltiere 18
Hominiden 201
Homo sapiens 202 f.
Homologie 189 f.
homozygot 124
Hormone/Hormonsystem 86, 98–101, 116–120
Hormondrüsen 98, 100

Immunsystem 109–114
Impfung 112
Infektion 66, 108–114
Informationsverarbeitung 62, 86–101
Insekten 29 f., 31–34
Instinkthandlung 177–179
Isolation 196

Keimung 39, 40
Keimzellen 116 f., 123, 126, 131–133
Klimaveränderung 171
Klonen 148
Knochen 101–103
Kohlenhydrate 69–75
Kohlenstoffdioxid 50 f., 81, 83 f., 165, 171, 173
Konditionierung 181
Konkurrenz 157 f.
Konsumenten 162–164
Körperzellen 59, 123, 126
Krankheitserreger 66, 80 f., 108–114
Krebs 114

Krebstiere 29 f.
Kriechtiere s. Reptilien
Kurzsichtigkeit 88

Lagesinn s. Gleichgewichtssinn
Lamarck 195
Leber 73, 75
Leitbündel 36, 48 f.
Lernen 120, 180–183
Leukocyten s. W. Blutkörperchen
Licht 43, 51, 155
Lunge 83 f.
Lurche s. Amphibien
Lymphocyten s. W. Blutkörperchen
Lymphe/Lymphsystem 73, 79 f., 109 f.

Meiose 116, 131 f.
Membran s. Zellmembran
mendelsche Regeln 123–130, 134 f., 147
Menstruation 117
Metamorphose 21 f., 32
Mikroorganismen 64–66
Mikroskop 10–12
Mimikry 161
Mineralstoffe 69–71, 74
Mineralsalze 36, 48 f.
Mitochondrium 54 f., 75 f., 189
Mitose 58–60, 131, 140
Modifikation 146, 195
Moose 44
Muskeln 101, 105–107
Mutationen 145–147, 196 f.
Mycel 47
Mykorrhiza 48

Nährstoffe 36 f., 69–75
Nahrungsbeziehungen 162–167
Naturschutz s. Umweltschutz
Neandertaler 202 f.
Nervenzellen/Nervensystem 18, 32, 86, 94–97
Neukombination s. Rekombination
Nieren 85
Nomenklatur, binäre 15
Nukleotide 140–142

Ohr 90–92
ökologische Nische 158, 162, 197
Ökosystem 10, 162–171
Ordnungssystem 15 f., 41–43
Organe/Organsysteme 10, 18, 20, 61 f.
Organellen 9 f., 53–55
Organismus 10, 61 f.
Osmose 49, 56 f.
Ozon 172

Parasiten 34, 48, 157 f.
Pflanzenzellen 53–55
Phänotyp 124, 126
Pilze 36, 47 f., 64 f., 67
Plasmid 66, 149
Population 159–161, 196
Procyte 7, 66, 189
Produzenten 162–164
Prokaryoten 53, 65 f.
Proteinbiosynthese 55, 143–145, 191
Proteine 50, 69–75, 143–145

Rangordnung 185
Rasse 197
Räuber/Beute 157, 160 f.
Reflex 97, 176 f.
Regelkreise 99 f.
Reiz-Reaktions-Muster 94
Reizverarbeitung s. Informationsverarbeitung

Rekombination 131, 196
Replikation 60, 140–142
Reptilien 19, 21 f., 24–26
Rhesusfaktor 82, 136
RNA 143–145
Rückkreuzung 129 f.

Samenkeimung s. Keimung
Samenpflanzen 36–44
Samenzelle s. Spermazelle
Sauerstoff 50, 81, 83 f.
Säugetiere 19, 23 f., 27, 193
Schlüsselreiz 177, 179 f.
Schwämme 18
Schwangerschaft 117–119
See 169 f.
Selektion 195
Sinnesorgane 86–94
Skelett 20, 101–103, 199 f.
Sozialverhalten 184–186
Spaltöffnungen 37, 48 f.
Spermazelle 116, 118, 123, 132 f.
Spinnentiere 29 f.
Sporen 47, 66
Sporenpflanzen 44 f.
Spurenelemente 69, 71
Stäbchen 87–89
Stammzellen 148
Stärke 36, 50, 70
Stoffkreislauf 48, 66, 162, 164–167
Stofftransport 48 f., 54–57
Stoffwechsel 48–51, 56, 69–77, 143
Sukzession 167
Symbiose 48, 66, 157, 159
Synapsen 95

Temperatur 51, 153 f.
Tierzellen 53–55, 62
Toleranzbereich 156
Totipotenz 148
Tradition 183
Transkription 143 f.
Transmitter 96
Traubenzucker s. Glucose

Überwinterung 28
Umweltschutz 172 f.

Variabilität 8 f., 195
Venen 78 f.
Verdauung 72–75
Verhalten, angeborenes 120, 176–180
Vermehrung s. Fortpflanzung
Vielzeller 63 f.
Viren 67
Vitamine 69–71
Vögel 19, 22 f., 24–26

Wald 168 f.
Wasser 43 f., 51, 155 f., 165
Wassertransport 36, 48 f.
wechselwarme Tiere 20 f., 153
Weichtiere 19, 29, 31
Weitsichtigkeit 88
Winterschlaf/-starre/-ruhe 28
wirbellose Tiere 19, 28–34
Wirbeltiere 19–28, 29, 189, 193
Würmer 19, 29, 31
Wurzel 36 f., 48 f.

Zapfen 87–89
Zellatmung 50, 55, 75–77, 189
Zelldifferenzierung 61 f.
Zelle 7, 10, 53–66
Zellmembran 54 f., 56 f., 66
Zellorganellen s. Organellen
Zellstoffwechsel 56 f.
Zellteilung s. Mitose u. Meiose
Zellzyklus 60
Züchtung 147 f.
Zygote 133